DESCRIPTION FORESTIÈRE

DU

ROYAUME DE PRUSSE

D'APRÈS DES DOCUMENTS OFFICIELS

PAR

M. G. HUFFEL

INSPECTEUR ADJOINT DES FORÊTS, CHARGÉ DE COURS À L'ÉCOLE NATIONALE FORESTIÈRE

(Extrait du Bulletin du Ministère de l'Agriculture)

PARIS

IMPRIMERIE NATIONALE

—

M DCCC XCVI

DESCRIPTION FORESTIÈRE

DU

ROYAUME DE PRUSSE

D'APRÈS DES DOCUMENTS OFFICIELS [1],

PAR

M. G. HUFFEL,

INSPECTEUR ADJOINT DES FORÊTS,
CHARGÉ DE COURS À L'ÉCOLE NATIONALE FORESTIÈRE.

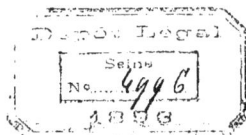

Le Ministère de l'agriculture, des domaines et des forêts du royaume de Prusse a publié, en 1894, une troisième édition, mise à jour, de la statistique forestière de la Prusse.

Cet important ouvrage, paru pour la première fois en 1866 et dont la deuxième édition date de 1882, porte la signature de M. l'Oberlandesforstmeister Donner, chef du service forestier du royaume. Il donne des renseignements très complets, puisés à source officielle, sur l'étendue et la distribution des forêts, leurs peuplements, sur l'organisation du service, le personnel, les aménagements et enfin sur la production en matière et en argent depuis une série d'années. J'ai pensé qu'il serait intéressant, et peut-être utile, d'extraire la partie essentielle de ces deux forts volumes in-4°, de 600 pages environ, pour la mettre à la disposition de ceux qui, dans notre pays, s'intéressent aux choses forestières.

Je me suis abstenu systématiquement de toute comparaison des situations en France et en Prusse. Mon travail n'a d'autre but que de mettre sous les yeux du lecteur un tableau scrupuleusement fidèle de l'organisation forestière chez un peuple où elle passe pour être des plus parfaites. On n'y trouvera pas d'autres opinions ou appréciations émises que celles figurant dans l'ouvrage original, c'est-à dire émanant de l'organe autorisé de l'administration des forêts prussienne. Je n'ai ajouté, sous forme de notes, que les quelques éclaircissements qui m'ont paru utiles pour l'intelligence exacte du texte.

Nancy, le 28 décembre 1895.

---

[1] Traduction résumée d'après la 3e édition (1894) de la statistique forestière de la Prusse, par M. Donner, chef du service forestier prussien.

1

PREMIÈRE PARTIE.

STATISTIQUE GÉNÉRALE DES FORÊTS DE LA PRUSSE.

CHAPITRE Ier.

DESCRIPTION GÉNÉRALE.

---

§ 1er. — *Étendue et répartition des forêts.*

L'étendue totale du royaume de Prusse était, en 1893, de 348,545 kilomètres carrés, abstraction faite des étangs et lagunes du littoral. Les forêts, y compris les vides qu'elle renferment, couvraient 81,925 kilomètres carrés, ce qui représente 23.50 p. 100 de la superficie totale[1].

Les provinces les mieux boisées se trouvent dans les régions montagneuses ou à sol de sable siliceux pauvre : telles sont la province de Hesse-Nassau, le pays de Hohenzollern, la province de Brandebourg, le pays rhénan, dont les taux de boisement varient de 39.74 à 30.74 p. 100. Les régions les moins riches en bois sont le Schleswig-Holstein (6.55 p. 100), Hanovre (16.48 p. 100), etc.

D'après ces chiffres, le taux de boisement de la Prusse serait légèrement inférieur à celui de l'Empire allemand qui est de 25.8 p. 100.

Le dénombrement du 1er décembre 1890 a accusé pour le royaume une population de 29,957,000 âmes. L'étendue boisée par tête d'habitant est donc de 27 ares, chiffre moindre que celui correspondant pour la Bavière (45 ares), le grand-duché de Bade (34 ares), le Wurtemberg (29 ares 5) et l'Alsace-Lorraine (28 ares).

Si l'on distingue les forêts par la nature de leurs propriétaires, on constate qu'elles se divisent en :

KILOMÈTRES CARRÉS.

	de la couronne..........................	652,3	ou 0.8 p. 100.
	de l'État.............................	24,647	30.1
Forêts ...	des communes..........................	10,255	12.5
	des établissements publics................	3,055	3.7
	des particuliers........................	43,315	52.9

---

[1] D'après la statistique agricole de 1893, la surface totale du royaume se répartit de la façon suivante :

Terrains labourables.....	49.8 p. 100.	Chemins et cours d'eau.......	4.7 p. 100.
Forêts..............	23.5	Friches....................	4.5
Prairies.............	9.4	Terrains bâtis.............	0.98
Pâturages...........	6.3	Jardins et vignes...........	0.80

Dans les dix dernières années (1883-1893) l'étendue des forêts s'est accrue.

(de l'État		60,816 hectares.
Pour les forêts . .{ des communes		48,441
(des particuliers		46,346

Les établissements publics ont perdu, dans le même intervalle, 19,985 hectares. Les accroissements proviennent principalement du reboisement de terrains incultes. Les forêts domaniales prédominent dans les départements de Gumbinnen (72 p. 100), de Dantzig (69.2 p. 100), Aurich, Cassel-Schaumburg, Hildesheim et Marienwerder; les forêts communales dans ceux de Wiesbaden, Coblence, Hohenzollern, Trèves, c'est-à-dire dans l'Allemagne du sud-ouest.

§ 2. — *Division du territoire de la monarchie en quatre régions forestières.*

1

Les cinq provinces de la Prusse orientale et occidentale, de Brandebourg, Poméranie et Posen formeront notre première région avec une étendue de 161,484 kilomètres carrés, soit près de la moitié du territoire du royaume. Elles portent 36,890 kilomètres carrés de forêts ce qui leur donne un taux de boisement de 23 p. 100 environ, sensiblement égal à la moyenne.

Le terrain constitué presque exclusivement par des alluvions anciennes ou modernes présente surtout des sables siliceux pauvres, parfois même mobiles sous l'action du vent; les meilleures parties sont celles où le sable plus fin est mêlé d'argile (lehm); les argiles compactes sont aussi fréquentes. On rencontre, surtout dans la province de la Prusse orientale, d'immenses étendues de tourbières, dont l'une, dans le département de Königsberg s'étend sur plus de 13,000 hectares d'un seul tenant.

Le terrain est en plaine, à peine ondulée sur quelques points dont les altitudes ne dépassent pas 300 mètres.

La hauteur de la chute d'eau annuelle est en moyenne de 56 centimètres, variant, suivant les stations, de 50 à 64.

Le climat est rude ou très rude. La température moyenne de l'hiver varie de — 3° environ dans la province de la Prusse orientale à — 0°,5 dans celle de Brandebourg; celle de l'été est de 17°,5 environ dans cette dernière province; les moyennes annuelles varient de 6°,5 environ à 8°, suivant les provinces. Les hivers sont extrêmement longs et rigoureux; il gèle environ 160 et jusqu'à 182 jours par an; pendant 40 à 50 jours par an le thermomètre ne s'élève pas au-dessus de 0°. La période des gelées commence au milieu d'octobre pour ne finir que dans les premiers jours de mai, ne laissant guère que cinq mois à la saison de végétation. Les gelées précoces et tardives causent des dégâts considérables dans les forêts. Celles-ci ont encore beaucoup à souffrir des dégâts du vent et des insectes. L'orage de février 1894 a occasionné 2,922,000 mètres cubes de chablis, principalement dans les provinces de Poméranie et de Brandebourg. Les incendies sont aussi très redoutables dans ces immenses plaines désertes de pins sylvestres et de bruyères; on en cite un, de 1863, qui a détruit 1,275 hectares d'un seul tenant. Enfin les insectes, parmi lesquels se place en prernier rang le hanneton, puis les lasyocampe et fidonie du pin, la noctuelle piniperde, l'Hylobus abietis, la nonne (liparis monacha), les bostryches, etc., qui causent des dégâts énormes. Le hanneton est assez multiplié sur certains points pour qu'on ait été obligé de renoncer complètement à la régénération artificielle du pin sylvestre.

L'invasion de la nonne (liparis monacha), qui a duré de 1853 à 1857, est restée célèbre. Elle a détruit plus de 140,000 hectares d'épicéa dans la seule province de la Prusse orientale.

Les essences principales sont le pin sylvestre qui occupe à lui seul 28,274 kilomètres carrés, soit les trois quarts (73 p. 100) de l'étendue des forêts et croît sur les sables pauvres où il ne trouve pas de concurrent. L'épicéa couvre 2,459 kilomètres carrés ou 7 p. 100 environ de la surface boisée, on le rencontre sur les sables argileux. A l'état mélangé entre elles ou avec quelques mélèzes ces deux essences couvrent encore 784 kilomètres carrés, ce qui fait, en tout, pour le pin et l'épicéa 31,500 kilomètres carrés ou 85 p. 100 de l'étendue des forêts dont les neuf dixièmes en pin. Parmi les essences feuillues, les bouleaux, aulnes et trembles méritent une mention (1,781 kilomètres carrés ou 5 p. 100 environ), puis le hêtre (1,579 kilomètres carrés ou 4 p. 100). Ce dernier ne se rencontre plus dans la région nord-est. Le chêne n'existe guère qu'à l'état disséminé et couvre à peine 2 p. 100 de l'étendue boisée.

II

La Silésie prussienne forme une région de 40,311 kilomètres carrés dont 11,614 ou 29 p. 100 sont couverts de forêts.

On trouve en Silésie, le long de la frontière de la Bohême, de véritables montagnes dont l'altitude s'élève jusqu'à 1,600 mètres au point culminant et qui portent environ le tiers des forêts.

Au nord et à l'est de la chaîne, le terrain forme une plaine unie sur laquelle croissent la moitié des forêts silésiennes; dans le voisinage de la frontière de la Silésie autrichienne, une petite région de collines porte le surplus des massifs boisés.

La montagne est formée de roches cristallines, gneiss, granites, de micaschistes, grauwackes, schistes argileux, etc. Sur les plateaux, d'assez grandes étendues sont couvertes de tourbières. Dans la région de collines se trouvent d'assez bons sols forestiers; dans la plaine, qui présente des terrains fertiles, les forêts n'occupent que les sables siliceux qu'appauvrit encore la pratique de l'enlèvement des feuilles mortes.

Le climat est très rude dans la montagne où les massifs ne s'élèvent pas au-dessus de 1,100 à 1,200 mètres; plus haut, on trouve encore quelques pins mugho. Dans la plaine, à Breslau, les températures moyennes de l'année, de l'été et de l'hiver sont de 8°,2, 17°,7 et — 1°,2. Il y gèle 100 jours par an, 36 jours ont une température maxima inférieure à 0°, la période des gelées s'étend de fin octobre à fin avril.

Les forêts ont beaucoup à souffrir d'ouragans, dont un seul, en décembre 1868, abattit dans les forêts de l'État la possibilité de plus de dix ans; il fut suivi d'une invasion de bostryches. En 1875-1876, une terrible invasion du lasyocampe du pin fut arrêtée grâce au ceinturage au goudron; ce même procédé s'est montré impuissant en 1890-1893 à arrêter la marche de la nonne (liparis monacha) bien qu'on ait dépensé, en 1892, 148,500 francs à faire des ceinturages dans les forêts de l'État.

Le pin sylvestre règne en maître dans les forêts de la plaine, mélangé d'un peu d'épicéa sur les sols frais. Dans la montagne, c'est l'épicéa qui domine, mélangé au pin et au sapin. Dans le fond des vallées, quelques forêts, un peu plus du dixième de l'ensemble, sont peuplées de chênes, frênes et feuillus divers.

Dans l'ensemble, on peut attribuer les six dixièmes de la surface au pin, trois dixièmes aux épicéas, sapins et mélèzes et un dixième aux chênes, hêtres et feuillus divers.

III

Notre troisième région, formée des provinces de Schleswig-Holstein, de Saxe et de Hanovre, d'une étendue de 82,715 kilomètres carrés, renferme 12,844 kilomètres carrés de forêts, ce qui lui donne une taux de boisement de 15.5 p. 100. Le Scheswig-Holstein, dont le taux de boisement ne dépasse pas 6.5 p. 100, forme la partie la plus déboisée de la monarchie.

Le terrain est généralement une plaine basse, sauf quelques points des provinces de Hanovre et de Saxe qui appartiennent à la région montagneuse du Harz. Le point culminant de cette petite chaîne atteint 1,141 mètres, mais les sommets ne dépassent guère 200 à 500 mètres en général. Les six dixièmes des forêts sont en terrain uni, deux dixièmes en région de collines, jusque vers 400 mètres d'altitude, le surplus en montagne.

Les terrains boisés de la plaine sont des sables siliceux pauvres. Dans les collines, on trouve des formations variées, mais surtout du grès bigarré, puis du muschelkalk et d'autres terrains triasiques, des calcaires jurassiques, crétacés, etc., sols manquant généralement de profondeur. La montagne, presque entièrement couverte de forêts, surtout en Saxe, présente des granites, grauwakes, schistes argileux, porphyres, diabases, etc.

Le climat est franchement maritime dans les plaines, peu boisées du reste ; les pluies sont abondantes (70 à 80 centimètres et 160 à 170 jours de chute par an). La température moyenne annuelle est d'environ 9°, celle de l'hiver de + 0°,5 à + 1° et celle de l'été de + 15° à + 16°. Les brouillards sont fréquents, les vents très impétueux. Dans le Harz, le climat est nettement montagneux ; l'épicéa croît jusque sur les points culminants (1,140 mètres) où il prend toutefois l'état plus ou moins buissonnant.

Les forêts de pins sont exposées, ici comme dans toute l'Allemagne, à de terribles ravages de la part des insectes. Le lasyocampe a détruit de grandes étendues de bois (environ 500 hectares) en 1865 et 1866 ; une invasion qui s'annonçait en 1876-188? a pu être arrêtée par l'emploi du goudron. Dans ces dernières années, on a eu à souffrir des dégâts du lasyocampe, de la fidonie, de la nonne (liparis monacha) et de la noctuelle piniperde. Enfin les dégâts de la *cecidomia brachyntera* ont obligé à des exploitations prématurées dans beaucoup d'endroits, notamment dans le cantonnement de Rothehans où l'on a dû couper à blanc 523 hectares de pins de 30 à 60 ans. Le hanneton exerce aussi ses ravages habituels.

Les vents dans la plaine et la montagne, les neiges et le givre occasionnent aussi souvent de véritables désastres. L'ouragan de 1894 fit 461,000 mètres cubes de chablis dans les forêts de l'État seules (444,000 hectares). Ces dégâts sont augmentés par cette circonstance que dans les très mauvais sols de la plaine les racines des pins sont parfois attaquées par la pourriture qui détruit ou affaiblit les peuplements dès l'état de perchis.

Le rouge des feuilles cause aussi des dégâts notables dans les repeuplements artificiels jusque vers l'âge de quinze à vingt ans.

Le pin sylvestre, de végétation médiocre, couvre près de la moitié de l'étendue des forêts. En montagne, l'épicéa est très dominant; on trouve dans le Schleswig d'assez grandes étendues de hêtre, les peupliers blancs et grisaille y sont remarquables par leur résistance aux ouragans. On a beaucoup répandu, par voie artificielle, les sapins, pins weymouth et mélèzes.

IV

Les provinces de Westphalie, Hesse-Nassau, la Prusse rhénane et les principautés de Hohenzollern forment notre quatrième région et ont une étendue de 73,734 kilomètres carrés dont 20,577 ou 28 p. 100 sont boisés.

Sauf la partie nord de la Westphalie et une petite partie de la province rhénane qui sont en plaine, tout le reste est en terrain franchement montagneux, dont l'altitude moyenne peut être estimée de 400 à 500 mètres environ, les points culminants (Rhön et Thüringer Wald, dans la Hesse) étant entre 900 et 950 mètres. Les trois cinquièmes au moins des forêts sont en montagne, le reste se partage entre les régions de collines et la plaine.

Le sol appartient aux formations géologiques les plus variées, depuis le granit jusqu'aux alluvions quaternaires. Les forêts occupent surtout le grès bigarré, les schistes dévoniens et les terrains cristallins granits, syénites, etc.; elles s'élèvent jusqu'aux points culminants des montagnes.

Le climat, rude ou assez rude dans la montagne, est généralement assez doux et convient à la vigne sur beaucoup de points où il rappelle celui du nord-est de la France. La température moyenne de l'année est d'environ 9° dans la province rhénane, celle de l'hiver + 2°,5 et celle de l'été de + 17° à + 18°.

Les forêts ne sont pas exposées ici à de grands dangers, ni de la part des vents ni des insectes. Contrairement à ce que nous avons vu pour le surplus du royaume, elles sont surtout peuplées de bois feuillus qui couvrent les trois quarts de l'étendue totale. Les principales essences sont le hêtre, commun surtout dans la Hesse, qui occupe un tiers des forêts; puis le chêne, abondant dans les taillis de la province rhénane; il couvre un quart environ de la surface boisée. Le pin sylvestre, l'épicéa ont une végétation médiocre ou mauvaise en Westphalie, où ils ont été introduits récemment pour le reboisement des landes couvertes de bruyères; ils dépérissent dès cinquante à quatre-vingts ans; ces deux essences se partagent à peu près également la surface peuplée en résineux. On trouve aussi des sapins et quelques mélèzes.

Le tableau ci-après donnera, en résumant ce qui précède, une idée d'ensemble de la composition et du mode de traitement des forêts prussiennes.

PROVINCES.	SURFACE BOISÉE TOTALE.	ESSENCES FEUILLUES.									ESSENCES RÉSINEUSES.				
		Taillis à écorce.	Oseraie.	Autres taillis simples.	Taillis sous futaie.	AUTRES FORÊTS FEUILLUES.				Total.	Pin sylvestre.	Mélèze.	Épicéa et sapin.	Mélangées.	Total.
						Chênes.	Bouleaux et bois blancs.	Hêtres et divers.	Mélangés.						
Prusse { orientale... / occidentale. } Brandebourg....... Poméranie.........	36,890	65	120	314	279	749	1,782	1,580	422	5,311	28,273	62	2,459	784	31,578
Posen............ Silésie............. Saxe.	11,614	160	44	180	492	152	267	91	105	1,491	6,744	20	1,852	1,507	10,123
Schleswig-Holstein .. Hanovre............	12,844	93	64	304	659	714	392	2,333	298	4,857	5,831	45	1,906	205	7,987
Westphalie........ Hesse-Nassau.... Province rhénane.... Hohenzollern......	20,577	2,913	38	1,544	1,241	1,076	618	6,648	305	14,982	2,613	79	2,766	137	5,595
Prusse..........	81,925	3,231	266	3,342	2,672	3,291	3,058	10,652	1,129	26,642 (1)	43,461	207	8,983	2,633	55,283 (2)

(1) Ou 32.5 p. 100. — (2) Ou 67.5 p. 100.

§ 3. Rendement des forêts en matière et en argent.

Il est difficile d'indiquer avec quelque certitude le rendement des forêts de la monarchie, les documents faisant défaut pour les forêts particulières. On estime néanmoins que, pour l'ensemble des forêts, la production est de 3 m. c. 29 par hectare et par an ou 0 m. c. 90 par tête d'habitant. 70 p. 100 de la production est en bois fort (de plus de 2 décimètres de tour) et 30 p. 100 en menu bois ou en bois de souches. Cette production se décompose encore en 0 m. c. 81 de bois d'œuvre, 1 m. c. 49 de bois de corde, 0 m. c. 99 de souches et fagots, soit un total de 3 m. c. 29.

Ce revenu est très faible particulièrement si l'on considère que les forêts prussiennes sont peuplées pour les deux tiers de bois résineux. On l'explique par le mauvais état de beaucoup de forêts particulières et surtout par la rudesse du climat, la pauvreté extrême de la plupart des sols forestiers.

On peut se demander si la Prusse suffit à sa consommation en bois. Il est certain qu'il faut répondre par la négative, mais la situation serait différente si toutes les forêts étaient en bon état et tous les terrains en friches reboisés.

Dans les statistiques douanières, la Prusse n'est pas séparée des autres états confédérés et il n'est pas possible d'en déduire des renseignements sur ce qui la concerne en particulier. On sait du reste que l'Empire, dont le taux de boisement est supérieur à celui de la monarchie, et dont les forêts sont plus productives, importe du dehors. de Suède, Norvège, Russie et Autriche-Hongrie, des quantités considérables de bois. L'excédent des importations pour l'Empire suit une marche croissante en général, sur laquelle des droits de douane élevés à deux reprises, en 1879 et 1885, paraissent avoir eu peu d'effet. Il semble plutôt que l'excédent d'importation augmente dans les années de prospérité générale pour baisser dans les autres. L'auteur de la statistique reconnaît cependant que l'élévation des droits d'entrée a eu pour effet de faciliter la vente des bois indigènes et se félicite surtout de la suppression des tarifs différentiels autrefois en vigueur sur les lignes de chemin de fer prussiennes. Ceux-ci constituaient, d'après lui, de véritables primes à l'importation.

On estime à 22 m. 09[1] le revenu brut des forêts prussiennes par hectare et par an et le revenu net à 10 m. 59. Ces chiffres ne sont toutefois qu'approximatifs; on les a établis par comparaison avec les forêts domaniales.

D'après les estimations cadastrales récentes, le revenu des terrains boisés serait en moyenne 27 p. 100, un quart environ, de celui des terrains cultivés. C'est dans le département de Dantzig que ce rapport est le moins élevé et dans le Schleswig qu'il l'est le plus.

CHAPITRE II.

LÉGISLATION ET ADMINISTRATION FORESTIÈRES.

§ 1er. — *Défrichements et reboisements.*

Les législations en vigueur dans l'ancienne Prusse interdisaient aux particuliers, sous des peines définies, d'abuser de leurs forêts en les traitant contrairement aux principes de la science forestière. Il faut regretter que ces prescriptions tutélaires, après être tombées en désuétude, aient disparu des lois existantes [2]. Actuellement les particuliers sont libres de les faire gérer et surveiller à leur gré et par le personnel de leur choix sauf à faire agréer par l'autorité ceux de leurs préposés qu'ils veulent faire assermenter et armer.

L'administration des forêts considère toutefois que les forêts, tant celles des particuliers que les autres, sont un bien qui nous a été transmis par nos pères et que nous avons le devoir de transmettre intact à nos successeurs. En effet, leur action sur le climat, le régime des eaux, la salubrité, etc. en font un élément d'équilibre indispensable dans un pays habité; c'est là une vérité trop méconnue par l'égoïsme des propriétaires actuels. Les défrichements ont voué à la stérilité de grandes surfaces, ont provoqué sur les rivages de la mer la formation de sables mouvants qui ont recouvert des terres fertiles et même des villages, et menacent la navigabilité des cours d'eau dans le voisinage de leur embouchure. Le défrichement des montagnes a amené des érosions qui ont dépouillé les sommets de la terre végétale qu'y avaient formée des milliers d'années de végétation forestière; ces terres accompagnées des débris infertiles du

---

[1] Le marc vaut, au pair, 1 fr. 234.

[2] Il existe cependant encore quelques forêts particulières (13,000 hectares environ) provenant d'anciens cantonnements de droit d'usage que l'État n'a aliénées (en 1784) qu'en se réservant le droit d'en interdire le défrichement et d'en surveiller la gestion.

sous-sol sont venues encombrer les plaines, exhausser le lit des rivières, exposant ainsi les vallées aux dangers des inondations[1].

L'administration des forêts n'a pas manqué de faire tout ce qui dépendait d'elle pour arrêter les progrès du défrichement. Elle a agi par l'exemple et en s'efforçant d'éclairer les populations dans les congrès forestiers et agricoles. Elle a surtout distribué gratuitement ou à prix coûtant des graines et des plants aux particuliers qui reboisent des friches. Le nombre des plants distribués à prix coûtant à des communes, particuliers ou associations diverses par le service forestier de l'État a été, en 1891-1892, de 2,200,000 plants feuillus et 89,300,000 plants résineux; en 1892-1893, le nombre total de plants distribués est de 30 millions et en 1893-1894 de 32 millions.

L'État accorde enfin des subventions en argent aux reboiseurs. On a obtenu par ce procédé des résultats remarquables dans les départements de Coblence, Trèves et Aix-la-Chapelle, où les forêts des particuliers et des communes présentaient le tableau lamentable d'une ruine à peu près complète. Dans ce dernier département, les arrondissements de Malmédy et de Montjoie renferment 8,000 hectares de forêts, presque toutes communales. On y a reconnu 2,300 hectares de terrain à reboiser sur lesquels 2,000 étaient déjà replantés fin 1892 moyennant une dépense de 370,000 marcs, *somme qui a été entièrement fournie par l'État.* Dans le département de Coblence, on a reboisé de 1854 à 1892 plus de 5,000 hectares moyennant une dépense de 325,000 marcs *dont 224,000 ont été fournis par l'État.* Dans le seul massif de l'Eifel, on avait reboisé, fin 1892, 15,700 hectares pour lesquels *l'État a dépensé 1,021,000 marcs* et les communes 319,000 marcs, ce qui fait ressortir la dépense totale à environ 85 marcs[2] par hectare.

De même dans les forêts communales du Westerwald, même département, 722 hectares de friches ont été reboisés depuis 1887 et *l'État a contribué pour 73,673 marcs* à la création de routes et à la confection d'aménagements. Enfin, en dehors des arrondissements précités, et dans la même région, 688 hectares de friches ont été reboisés avec une subvention de l'État de 25,438 marcs.

Ailleurs, dans le nord de la province de Hanovre, *58,000 marcs ont été fournis par l'État* pour le reboisement de sables mouvants et *plus de 93,000* pour la mise en valeur de sables recouverts de bruyères. On peut estimer à plus de 11,000 hectares l'étendue des reboisements faits depuis 1881 dans cette région avec le concours de l'État.

Les administrations provinciales ont imité l'exemple de l'État; on peut citer la province de Hanovre qui a acheté 4,020 hectares de bruyères. Cependant tous ces résultats sont bien peu de chose à côté de l'immensité de la tâche qui reste à accomplir, car il faut estimer à 2 millions 1/2 d'hectares au moins les sables incultes (bruyères) dont le revenu cadastral est de moins de 1 marc 20 par hectare et qui devraient être reboisés.

2. — *Forêts de protection.*

La loi déjà citée du 6 juillet 1875 a pour but d'assurer la conservation, même malgré leurs propriétaires, des forêts dont la disparition créerait un danger pour d'autres propriétés. Elle donne aux intéressés, particuliers, communes, État, etc. le droit

[1] Nous reproduisons ici ces considérations pour donner une idée de l'esprit qui anime l'administration supérieure en Prusse. (Note du traducteur.)
[2] 106 fr. 25.

2

d'intervenir pour obliger le propriétaire d'une forêt à effectuer des plantations ou tous autres travaux reconnus nécessaires à leur sécurité. Le demandeur doit toutefois prouver que la conservation de la forêt représente pour lui un intérêt supérieur à la valeur des dépenses résultant de sa requête et supporter les frais des travaux qui seraient reconnus nécessaires, sauf recours en ce qui concerne la plus-value qui pourrait en résulter pour la forêt. Cette législation ne s'applique pas aux dunes mouvantes du littoral maritime. Malheureusement il faut reconnaître que la loi de 1875, excellente dans son principe, a été peu appliquée. Les particuliers n'en ont fait aucun usage, redoutant sans doute de s'engager dans des procès coûteux. Les autorités locales sont intervenues dans un petit nombre de cas et ont fait déclarer comme forêts de protection 503 hectares de terrains, de 1875 à 1880; depuis cette époque, plus rien n'a été fait dans ce sens.

La même loi a prévu la création d'associations forestières, sortes de sociétés entre propriétaires pour l'exploitation en commun de leurs forêts. Ces syndicats, malgré les subventions de l'État et la propagande faite en leur faveur, n'englobent encore que 2,262 hectares de forêts.

On rencontre dans le royaume, en dehors de la région littorale, 32,808 hectares de sables mouvants dont 12,400 sont considérés comme dangereux pour les cultures avoisinantes. Nous avons dit que ces terrains échappaient à l'action de la loi de 1875. Beaucoup d'entre eux se fixeraient d'eux-mêmes si l'on y supprimait le pâturage; des mesures de police ont été prises dans ce sens, et non sans résultat. L'État a aussi acquis de grandes étendues de ces terrains qu'il a à peu près complètement reboisés.

Enfin les dunes mouvantes du littoral maritime couvrent 29,500 hectares le long de la mer Baltique et 10,400 sur les rives de la mer du Nord. Ces dunes, dont la moitié environ appartient à l'État, sont l'objet de travaux de fixation par voie de gazonnement ou de reboisement. Le ministère des travaux publics s'occupe des terrains qui intéressent la sécurité de la navigation; ce sont généralement les rivages même de la mer que l'on cherche à gazonner. Les terrains situés en arrière et destinés au reboisement sont du ressort du ministère des domaines, direction des forêts. On emploie pour le reboisement le pin sylvestre et le pin de montagne (*p. montana*); les résultats sont souvent peu satisfaisants. Depuis 1872, 2,500 hectares ont été parcourus par des travaux de reboisement et 1,100 ont été gazonnés; on a dû renouveler à diverses reprises les travaux par suite de non réussite sur plus des 95 p. 100 de cette étendue. La dépense totale s'est élevée à 1,490,000 marcs, soit près de 600 marcs par hectare[1].

Le déboisement des dunes là où elles ont encore leur manteau séculaire de forêts n'a malheureusement pas cessé de s'effectuer de la part des propriétaires insouciants. C'est ainsi que le service forestier a dû récemment prendre possession de la forêt de Dantzig, surchargée de droits d'usage au delà de sa possibilité et menacée de destruction. On peut citer comme exemple frappant des conséquences du défrichement des dunes le cas de la Kurische Nehrung, cordon littoral de sables de 100 kilomètres de longueur, qui sépare de la Baltique la vaste lagune connue sous le nom de Kurischer Haf, entre Königsberg et Memel, près de la frontière russe. Cette étendue de terrain a été transformée, à la suite des défrichements du siècle dernier, en un immense désert et l'on se voit obligé aujourd'hui, dans l'intérêt de la navigation, d'y dépenser pendant

[1] 750 francs.

peut-être plus d'un siècle des sommes dont le seul intérêt annuel dépasse la valeur des forêts autrefois si inconsidérément détruites.

Enfin citons la loi du 14 août 1876, applicable seulement à certaines provinces, en vertu de laquelle les communes et établissements publics peuvent être contraints dans certains cas à mettre en valeur leurs terrains incultes. 374 hectares ont été reboisés de 1876 à la fin de 1893 en exécution de ces prescriptions.

§ 3. — *Régime légal des forêts communales et d'établissements publics.*

Les forêts communales ont, en Prusse, une étendue de 1,024,951 hectares[1], celles des établissements publics 83,101 hectares. Ces deux genres de forêts sont soumises à une surveillance particulière de la part de l'État, surveillance dont la nature varie du reste, conformément aux lois en vigueur, d'une province à l'autre.

Les communes ne peuvent nommer leur personnel de préposés à la surveillance qu'avec l'agrément des représentants de l'État, et ceux des établissements publics ne peuvent être recrutés que dans des conditions définies par la loi du 14 mars 1881. Voici maintenant ce qui concerne la gestion proprement dite.

I. — Provinces de Prusse orientale et occidentale, Brandebourg, Poméranie, Posen, Silésie et Saxe.

Le régime auquel sont soumises les forêts communales est défini par une loi spéciale du 14 août 1876, qui s'applique à 346,897 hectares de forêts communales et 62,197 hectares de forêts d'établissements publics. Les principales dispositions en vigueur peuvent se résumer comme suit :

Les forêts doivent être traitées de façon à ce que leur rapport puisse rester soutenu indéfiniment; il est interdit d'anticiper sur le revenu principal par des coupes d'éclaircie et de suivre un mode de traitement qui pourrait amener des dangers pour des propriétés voisines. La possibilité doit être fixée par des aménagements réguliers (néanmoins les forêts de trop faible étendue peuvent en être dispensées). Ces aménagements sont établis par le *Regierungs-Präsident*[2] et doivent être revisés au moins une fois tous les dix ans. Les agents forestiers du service de l'État sont mis à la disposition du *Regierungs-Präsident* pour tout ce qui concerne l'exécution de la loi. Aucune coupe extraordinaire ne sera faite sans l'assentiment de ce fonctionnaire qui peut à tout moment

[1] Il est remarquable que, de même qu'en France, les forêts communales se répartissent très inégalement sur la surface du pays. Près de la moitié (44 p. 100) d'entre elles se trouvent dans les trois départements de Wiesbaden, Coblence et Trèves. Tandis que, pour l'ensemble du pays, les forêts communales ne forment que 12 p. 100 de l'étendue boisée, elles en représentent 69 p. 100 dans le département de Wiesbaden, 59 p. 100 dans celui de Coblence, 51 p. 100 dans celui de Trèves et 38 p. 100 dans celui d'Aix-la-Chapelle. Ces forêts sont à peine représentées dans les départements de l'ancienne Prusse, où la propriété domaniale domine dans de fortes proportions. (Note du traducteur.)

[2] Nous renonçons à traduire les titres des fonctionnaires dont les analogues n'existent pas en France. Il s'agit ici de représentants du pouvoir central dans les circonscriptions politiques, provinces et départements. (Note du traducteur.)

2.

faire vérifier l'exécution des aménagements [1] et imposer en cas de besoin des règlements indiquant *année par année* l'assiette et la quotité des coupes principales et intermédiaires ainsi que les travaux de reboisement à exécuter. Lors de la confection des aménagements, il sera tenu compte, dans la mesure du possible, des vœux justifiés des propriétaires. Les propriétaires ont un délai de deux semaines pour faire appel auprès du *Ober Präsident* des décisions du *Regierungs-Präsident* et, en dernière instance auprès du *Ober Verwaltungsgericht* (tribunal supérieur administratif). Les frais du contrôle de l'État sont à sa charge. L'application de la loi de 1876 n'a donné lieu à aucune difficulté jusqu'à présent. Tel est le régime qui s'applique, en Prusse, aux deux cinquièmes des forêts communales et d'établissements publics, disséminées sur les deux tiers de la surface du royaume.

II. — Schleswig-Holstein.

La province de Schleswig-Holstein ne renferme que 1,382 hectares de forêts communales qui sont gérées comme les domaines communaux en général par les propriétaires sous la surveillance des autorités provinciales.

III. — Westphalie.

Dans les provinces de Westphalie et rhénane les forêts communales sont régies par un règlement du 24 décembre 1816 dont voici les dispositions essentielles. Les communes et établissements publics administrent eux-mêmes leurs forêts sous le contrôle du *Regierungs-Präsident*. Les forêts doivent être traitées en vue du maintien du rapport soutenu et aménagées régulièrement. Le contrôle de l'État porte sur l'application des plans d'exploitation et la répartition des produits entre les intéressés. Les plans d'exploitation doivent être approuvés par l'État et, là où le *Regierungs-Präsident* juge que cela est nécessaire, il peut obliger les communes ou établissements publics à faire gérer les forêts par des forestiers ayant reçu une instruction suffisante.

Le *Regierungs-Präsident* a le devoir de faire visiter les forêts par les agents forestiers de l'État et ceux-ci ont le devoir de signaler, même sans y avoir été invités, les abus parvenus à leur connaissance. Il peut, en cas de besoin, imposer toutes mesures utiles telles, par exemple, que la gestion directe par les agents de l'État.

En 1835, on a formé dans les régions où les forêts communales ont de l'importance des cantonnements à la tête desquels sont placés des *oberförster* communaux. Ceux-ci doivent, dans certaines régions, avoir subi les mêmes examens devant les mêmes juges que les *oberförster* de l'État, et ailleurs (dans les départements de Trèves et Coblence) des épreuves spéciales leur sont imposées conformément à un décret du 24 décembre 1862. Ils sont soumis hiérarchiquement aux agents supérieurs du service forestier de l'État.

La situation peut se résumer comme suit dans ces deux provinces : 355,669 hectares de forêts communales sont groupés en 54 cantonnements gérés par des *oberförster*

---

[1] Les aménagements fixent en bloc une possibilité pour toute la période de dix ans sans imposer des coupes rigoureusement égales d'une année à l'autre. Il est toutefois interdit de dépasser de plus de 20 p. 100 en un an la possibilité moyenne annuelle (le dixième de la possibilité pé indique). (Note du traducteur.)

communaux; 18,708 hectares de forêts communales sont annexés à des cantonnements domaniaux et gérés par des *oberförster* de l'État; 1,335 hectares de forêts communales sont gérés par des agents forestiers domaniaux divers (*forstassessoren*, *revierförster*).

Le total représente 385,451 hectares de forêts communales, soit environ les deux cinquièmes des forêts communales de la monarchie.

Quant aux forêts d'établissements publics, elles comprennent 8,699 hectares et sont généralement très morcelées. Un seul groupe de 2,695 hectares forme un cantonnement géré par un *oberförster* d'établissements publics. La moitié environ est administrée par des *oberförster* communaux ou par des gérants divers et un peu moins du quart par des agents forestiers du service de l'État.

L'organisation que nous venons de décrire est considérée comme moins favorable aux intérêts d'une bonne gestion que celle appliquée aux provinces de l'ancienne Prusse par la loi de 1876. Les cantonnements communaux sont trop étendus (environ 7,000 hectares en moyenne); la situation du personnel aurait besoin d'être améliorée et rendue plus indépendante. Les lois du 1er mars et 21 juillet 1891 constituent un progrès dans ce sens; elles créent un droit à la retraite au personnel communal, retraite pour le calcul de laquelle il est tenu compte de tous les services communaux et des services militaires. Néanmoins, on constate que le nombre des individus ayant subi les épreuves prescrites et sollicitant un emploi d'*oberförster* communal est tellement grand que beaucoup d'entre eux ne pourront jamais être nommés, faute de vacances.

L'auteur de la statistique de 1893 exprime le vœu de voir créer des cantonnements mixtes, gérés par des agents de l'État, sauf remboursement par les communes des frais de gestion.

IV. — HESSE-NASSAU.

Dans la province de Hesse-Nassau nous trouvons jusqu'à sept régimes différents pour les forêts communales et d'établissements publics qui comprennent 255,779 hectares.

Généralement celles-ci sont réunies aux forêts domaniales voisines pour former des cantonnements mixtes gérés par des *oberförster* de l'État. Les aménagements sont effectués par ces derniers, les communes en reçoivent communication et sont admises à présenter leurs observations. Les frais de gestion sont remboursés à l'État; ils s'élèvent à 0 marc 25 par hectare pour 83,422 hectares, à 0 marc 49 pour 147,505 hectares et sont variables pour le surplus (de 0 marc 10 à 1 marc); il existe même quelques petites parcelles communales dans la région de la Rhön gérées gratuitement par l'État. Le personnel de surveillance est nommé généralement par le *Regierungs-Präsident* sur la présentation des propriétaires. Ceux-ci supportent directement les frais de surveillance, cependant beaucoup de forêts sont confiées à des préposés domaniaux et les frais de surveillance remboursés à un taux variant de 0 marc 80 à 1 marc 43 par hectare.

Les forêts de l'ancienne ville libre de Francfort (3,933 hectares) jouissent d'un régime spécial.

V. — HANOVRE.

Dans la province de Hanovre nous trouvons 43,926 hectares de forêts communales soumises à quatre législations différentes. Généralement, elles sont réunies aux forêts domaniales voisines et forment avec elles des cantonnements mixtes gérés par des *ober-*

förster de l'État; les frais de gestion à rembourser à l'État varient suivant le revenu des forêts de o marck 38 à o marck 61 par hectare. Les aménagements sont faits et appliqués par les *oberförster;* les communes peuvent demander à être entendues par les agents de l'État et, en cas de différend, le *Regierungs-Präsident* tranche la question.

On trouve dans cette province 10,059 hectares de forêts domaniales dites conventuelles[1] qui appartenaient autrefois à des communautés religieuses supprimées. Les revenus de ces forêts sont employés à des œuvres de bienfaisance, à l'entretien d'églises, d'écoles et de l'université de Göttingen. Elles sont gérées et surveillées par des agents spéciaux dont les traitements (90,033 marcs par an) sont remboursés à l'État par l'administration des biens conventuels.

VI. — Hohenzollern.

Enfin la principauté de Hohenzollern renferme 20,004 hectares de forêts communales et 709 hectares de forêts d'établissements publics qui sont gérés par deux *oberförster* nommés par l'État et payés par lui, mais qui touchent en plus des indemnités payées par les communes et calculées d'après le nombre de journées consacrées aux forêts communales.

On voit par ce qui précède combien le régime des forêts communales est variable, compliqué et parfois confus par suite de la multiplicité des documents législatifs trop souvent contradictoires, dont quelques-uns remontent au siècle dernier. On peut néanmoins distinguer trois systèmes principaux :

1° L'État surveille la gestion et l'application d'aménagements imposés ou approuvés par lui. Néanmoins, son contrôle est intermittent et les communes choisissent elles-mêmes, plus ou moins librement, leurs gérants. Ce système est appliqué dans les provinces de Prusse orientale et occidentale, Brandebourg, Poméranie, Posen, Silésie et Saxe sur les deux cinquièmes des forêts communales du royaume.

2° Les forêts communales sont groupées en cantonnements communaux gérés par des *oberförster* communaux, ayant subi des examens spéciaux. La gestion est surveillée d'une façon continue par les fonctionnaires supérieurs de l'État.

Tel est le cas dans les provinces de Westphalie, rhénane et de Hohenzollern.

3° Enfin, les forêts communales sont réunies aux forêts domaniales voisines pour former des cantonnements mixtes gérés par des *oberförster* de l'État. Les frais de gestion sont remboursés à l'État.

C'est ce dernier système qui a donné les meilleurs résultats.

§ 4. — Lois pénales forestières.

Le code d'instruction criminelle du 1er février 1877 s'applique à tout l'Empire et par conséquent au royaume de Prusse. On sait qu'il a établi, en matière correctionnelle, des tribunaux dits *amtsgerichte*, présidés par un juge, magistrat de carrière (*amtsrichter*), avec l'assistance d'échevins (*schöffe*), sortes de jurés appelés à se prononcer sur la culpabilité du prévenu. Ces échevins sont recrutés, comme nos jurés, parmi les citoyens

[1] *Klosterförster.*

présentant certaines garanties de moralité et de capacité. Leurs fonctions sont essentiellement temporaires. Le rôle du ministère public est tenu par un magistrat debout dit *staatsanwalt*.

L'article 3 de la loi introductive de la précédente (27 janvier 1877) prévoit des modifications à la procédure dans des cas spéciaux. Il a établi, notamment en matière forestière, des lois particulières à chacun des pays confédérés.

En Prusse, les lois en vigueur actuellement sont :

1° Le code pénal de l'Empire du 15 mai 1871, applicable aux cas de rébellion, vol de bois façonnés, incendies volontaires ou par imprudence, refus d'obtempérer aux réquisitions des agents de la force publique pour secours en cas d'accidents, d'incendies, etc., allumage de feux en forêt ou bruyères, parcours non autorisé par des piétons, cavaliers ou équipages des terrains nouvellement reboisés où ce parcours est interdit par des affiches placées sur les lieux, passage sur des routes forestières privées, outrepasse des limites de propriétés, enlèvement de terre, pierre, gazon, etc. sur le terrain d'autrui ;

2° La loi du 15 avril 1878 sur les délits forestiers (vol de bois sur pied) a remplacé, en en aggravant notablement les peines, une loi du 2 juin 1852. Les délits prévus par cette loi sont jugés par l'*amtsrichter* siégeant seul, sans l'assistance des échevins. L'*oberförster* occupe le siège du ministère public, sauf les cas graves pouvant entraîner six mois ou même deux ans de prison (associations de malfaiteurs, vol organisé en vue d'alimenter un atelier ou un commerce, vol de bois en troisième récidive). Dans ces cas, les tribunaux fonctionnent comme à l'ordinaire [1] avec un jury, et le procureur royal (*staatsanwalt*) requiert les peines ;

3° La loi de police rurale et forestière du 1er avril 1880.

Une loi intéressante, encore en vigueur en Prusse, est celle du 31 mars 1837, sur l'emploi que les préposés à la surveillance sont autorisés à faire de leurs armes. D'après cette loi, les gardes forestiers domaniaux, communaux ou particuliers assermentés, ont le droit de faire usage de leurs armes contre les personnes :

1° Quand ils sont attaqués ou menacés d'attaque ;

2° Quand les individus surpris en flagrant délit de vol de bois ou de gibier, ou de contravention aux lois de la chasse, ou encore rencontrés en forêt dans une attitude qui les rend suspects d'un tel délit ou contravention, refusent de se laisser arrêter et mener devant les autorités ou *tentent de se dérober à l'arrestation par la fuite* [2] ou des menaces ;

3° Est considéré comme menace d'attaque le fait de ne pas déposer à première sommation les armes ou engins et instruments ou de les relever après les avoir déposés.

Cependant il ne doit être fait usage des armes que dans la mesure nécessaire. Le couteau de chasse doit suffire en général et l'on ne doit recourir aux armes à feu qu'en cas d'attaque avec de pareilles armes, ou avec une hache, gourdin ou autre engin dangereux, ou bien encore lorsque les délinquants sont en force et plus nombreux que les gardes qui les interpellent.

[1] La statistique de 1893 regrette cette exception qui écarte l'intervention, précisément dans les cas les plus intéressants, de l'homme le plus compétent pour estimer l'importance du délit.

[2] Ce passage est souligné par le traducteur.

Le garde qui a tiré sur un homme a le devoir de le suivre et de lui porter secours tant que sa propre sécurité le permet.

La répression des délits donne lieu trop souvent, en Prusse, à des luttes sanglantes. La statistique suivante en donnera une idée.

Le nombre des personnes tuées ou blessées à propos de la répression des délits forestiers et du braconnage dans les forêts domaniales se décompose comme suit :

DÉSIGNATION.		DE 1817 A 1865 (59 ans).	DE 1866 A 1893 (28 ans).
Gardes............	tués par des délinquants.............	47	44
	blessés grièvement	138 } 248	86 } 156
	blessés légèrement	63	26
Délinquants victimes de gardes ayant fait de leurs armes un usage *légitime*	tués...................	56	62
	blessés grièvement	81 } 255	71 } 197
	blessés légèrement	118	64
Délinquants victimes de gardes ayant fait de leurs armes un usage *injustifié*	tués...................	22	14
	blessés grièvement	59 } 117	12 } 34
	blessés légèrement	96	8
		PAR AN.	PAR AN.
Total de personnes	tuées...................	78 ou 2.7	76 ou 2.7
	blessées grièvement.............	140 4.8	83 3
	blessées légèrement.............	214 7.4	72 2.6
		432 14.9	231 8.3

On remarquera dans ce tableau que les victimes tendent à devenir moins nombreuses, au moins dans les rangs des délinquants, et nous sommes heureux de constater que de 1886 à 1893 on n'a relevé officiellement aucun cas d'usage injustifié de leurs armes par les gardes forestiers.

Le nombre des délits constatés est en forte décroissance, comme on peut en juger par les chiffres suivants :

		1883.	1891.
Dans les forêts de l'État..	Vols de bois façonnés.......	3,808	2,430
	Vols de bois sur pied.......	134,782	67,930
	Autres délits forestiers.......	15,766	11,855
	Délits de chasse...........	604	476
	Délits de pêche...........	1,368	896

Nous arrêterons là cet aperçu de la législation prussienne. Il serait sans doute intéressant d'examiner les dispositions relatives à l'exercice et à l'extinction des droits d'usage, à la police de la chasse et de la pêche, mais ce sujet trop spécial nous entraînerait au delà des limites qui nous sont imposées.

DEUXIÈME PARTIE.

STATISTIQUE SPÉCIALE DES FORÊTS DE L'ÉTAT.

———

L'État prussien possède un domaine immobilier considérable consistant en forêts, terres cultivables[1], etc. La règle générale pour la mise en valeur de ces biens est l'amodiation aux enchères; l'État gère lui-même son domaine forestier.

CHAPITRE Ier.

DESCRIPTION GÉNÉRALE DES FORÊTS DE L'ÉTAT.

———

§ 1er. — Contenance.

L'étendue des forêts de l'État prussien est, au 1er avril 1893, de 2,747,206 hectares, y compris 1,515 hectares de forêts indivises avec d'autres propriétaires.

Il a été procédé systématiquement, de 1810 à 1840, à des aliénations de très grandes étendues de forêts dans les provinces orientales. On est fort heureusement revenu entièrement sur ces pratiques, et il est de règle maintenant de ne céder du terrain forestier que lorsque cela est imposé par des motifs d'utilité publique (dans les cas d'expropriation ou de cantonnement de droits d'usage).

On s'efforce depuis longtemps d'échanger certaines parcelles isolées, dont le sol est propre à la culture agricole, contre des enclaves ou des terrains incultes attenant à des massifs domaniaux. On est arrivé ainsi à arrondir les forêts, à rectifier leurs limites, tout en augmentant l'étendue de terrain mis en production.

Le budget porte une somme annuelle de deux millions de marcs (2,500,000 francs) pour achat d'enclaves, de forêts particulières ou de friches à reboiser et frais de reboisement de terrains achetés. On a acquis de cette manière, de 1867 à 1892, en 25 ans, 134,633 hectares de terrain ou de forêts à des prix très variables, moyennant une dépense totale de 22,419,409 marcs, non compris les frais de reboisement. Le désir de pouvoir faire mieux encore a fait inscrire au budget de l'exercice 1894-1895 [2] cette disposition que toute la somme dont le revenu des domaines de l'État, dans les nouvelles provinces, dépasserait 800,000 marcs, serait mise à la disposition du service des forêts pour achat de terres. Les lois en vigueur pour les anciennes provinces n'ont pas permis d'y prendre des mesures analogues.

Dans ces dernières années, l'autorité militaire a été mise en possession de terrains assez étendus appartenant au domaine forestier de l'État, en vue de la défense des places fortes, de création de champs de tir, etc. Dans ces cas, le service forestier a été

———

[1] Pour l'exercice 1892 1893, le revenu brut de l'administration des 395,524 hectares de terres que l'État possède en dehors de ses forêts a été de 29,351,000 marcks et le revenu net de 22,026,000 marcks; les frais de gestion s'élèvent donc à 25 p. 100 de la recette brute.

[2] En Prusse, l'exercice financier commence le 1er avril. (Note du traducteur.)

3

chargé de désigner au Ministère de la guerre d'autres terrains de valeur égale, que celui-ci a acquis et remis au Ministère des domaines en échange des forêts désaffectées. Comme ces dernières, se trouvant généralement dans le voisinage de grandes villes, avaient une valeur à l'hectare bien supérieure à celle des terrains désignés pour l'achat, il est résulté de l'ensemble de ces opérations une sensible augmentation du terrain forestier. C'est ainsi qu'une parcelle de forêt domaniale de 36 hectares, près de Magdebourg, a pu être échangée contre 1,993 hectares de terrains dans les provinces de Posen et de Poméranie.

Enfin, le domaine forestier s'est accru par des cessions qui lui ont été faites, aux dépens des domaines agricoles de l'État, de terrains jugés trop pauvres pour l'agriculture. L'accroissement, de ce chef, de 1856 à 1892, a été de 61,600 hectares.

En somme, l'étendue des forêts de l'État était :

En 1831... 2,158,344 hectares.
En 1840... 2,084,660
En 1850... 2,070,852
En 1860... 2,057,858
En 1865... 2,052,334
En 1870... 2,634,949 [1]
En 1880... 2,665,411
En 1890... 2,708,471
En 1894:.. 2,747,206

On voit par ce tableau que, depuis 1870, la surface des forêts s'est accrue de 112,257 hectares net, déduction faite des parties aliénées par expropriations, échanges, cantonnements de droits d'usage, etc.

Les forêts de l'État renferment (au 1er avril 1893) 282,456 hectares de vides [2] représentant 10,3 p. 100 de leur étendue. Ne sont pas comptés comme vides les emplacements des routes et cours d'eau de moins de 8 mètres de largeur. Ces vides se décomposent comme suit :

1° Vides productifs, tels que jardins, champs, pâturages, tourbières, carrières, etc., 169,825 hectares ou 6.2 p. 100.

2° Vides improductifs, tels que terrains bâtis et dépendances, marais, étangs, cours d'eau et routes de plus de 8 mètres de largeur, etc., 112,631 hectares ou 4.1 p. 100 du total.

Les forêts domaniales sont très inégalement réparties dans les 33 départements, sans qu'aucun en soit totalement dépourvu. Les plus riches sont ceux de Gumbinnen, 228,000 hectares; Potsdam, 208,000 hectares; Marienwerder, 206,000 hectares; les plus pauvres, Osnabrück, 16,000 hectares; Cologne, 12,500 hectares, et enfin Münster avec 2,381 hectares. Les cinq provinces de la Prusse occidentale et orientale, Brandebourg, Hanovre et Hesse-Nassau renferment les deux tiers des forêts de l'État.

[1] Annexion des nouvelles provinces en 1866.
[2] Les vides destinés au reboisement ne sont pas compris dans ce chiffre. (Note du traducteur.)

§ 2. — *Peuplements.*

Sur les 2,464,750 hectares de terrain boisé étaient traités :

	En 1881.	En 1893.
	P. 100.	P. 100.
En futaie pleine..............................	96.1	97.1
En taillis sous futaie..........................	1.1	0.6
En futaie jardinée.............................	0.5	0.5
En taillis simple..............................	2.3	1.7
En modes de traitement divers...................	0.1	0.1
Totaux......................	100.0	100.0

Le peuplement des forêts traitées en futaie pleine était formé de :

	En 1881.	En 1893.
Pins sylvestres pour...........................	61.7	62.6
Hêtres.......................................	17.0	15.9
Épicéas......................................	12.0	12.4
Chênes.......................................	5.5	5.6
Aulnes et bouleaux............................	3.8	3.5

Les progrès des résineux tiennent aux reboisements[1] effectués depuis 1881.

Les résineux, pins et épicéas couvrent, d'après ce qui précède, 75 p. 100 des forêts traitées en futaie pleine. Cette proportion varie de 97 p. 100 dans les départements d'Oppel et Marienwerder à 17 p. 100 dans celui de Wiesbade. Elle est de moitié ou plus dans 24 départements sur 33.

Le chêne ne domine dans les futaies d'aucun département et sa proportion n'atteint deux dixièmes ou plus que dans 3 départements (Münster, Cologne et Düsseldorf).

Le hêtre domine dans les futaies de 4 départements, tous dans l'ouest de l'Empire.

Le taillis sous futaie a perdu, en 1893, près de la moitié du terrain qu'il occupait en 1881. Cette diminution s'est faite au profit de la futaie. Sur les 13,600 hectares conservés à ce régime, le tiers se trouve en Saxe et dans le département de Magdebourg.

Les taillis simples sont surtout des taillis à écorces, qui ont quelque importance dans les départements de Coblence, Aix-la-Chapelle, Trèves, etc.

Les forêts soumises au régime de la futaie pleine présentent :

4 p. 100 de leur étendue en vides ou coupes en voie de régénération en 1893 contre	2 p. 100 en 1881.
19 p. 100 de leur étendue en peuplements de 1 à 20 ans en 1893 contre	20 p. 100
19 p. 100 — 21 à 40 ans —	20 p. 100
18 p. 100 — 41 à 60 ans —	18 p. 100
14 p. 100 — 61 à 80 ans —	15 p. 100
13 p. 100 — 81 à 100 ans —	13 p. 100
13 p. 100 — 100 et plus. —	12 p. 100

[1] Et aussi, croyons-nous, à la pratique de plus en plus générale de la régénération artificielle, plus facile à obtenir en résineux qu'en feuillus. (Note du traducteur.)

3.

Ce matériel correspond à peu près à celui d'un aménagement à 100 ans. La plupart des forêts de pin étant aménagées à 120 ans [1] et les forêts de chêne à 160 ans, le matériel est donc dans son ensemble insuffisant, eu égard aux âges d'exploitation usités. La situation s'est cependant améliorée depuis 1881, surtout si l'on remarque que l'acquisition et le reboisement de terrains nus ont pour effet inévitable d'augmenter la proportion des jeunes bois.

Si l'on admettait un âge d'exploitation uniforme de 120 ans, chacune des six classes d'âge 1 à 20, 21 à 40, 41 à 60, etc., devrait couvrir le sixième de la contenance totale ou 398,000 hectares. En réalité, les surfaces occupées sont, en milliers d'hectares :

I classe d'âge	....	101 et plus	- 315 déficit	83	⎫
II —	....	81-100	- 301 —	97	⎬ 239
III —	....	60- 80	- 339 —	59	⎭
IV —	....	41- 60	- 441 excédent 43		⎫
V —	....	21- 40	- 463 —	65	⎬ 239
VI —	....	1- 20	- 529 —	131	⎭

§ 3. — Les droits d'usage.

Presque toutes les forêts étaient autrefois grevées de droits d'usage et de servitudes de toutes espèces. Les rachats et cantonnements, commencés à la suite du vote de la loi du 7 juin 1821, n'ont été poussés avec activité que depuis une quarantaine d'années.

Les droits d'usage sont entièrement supprimés dans 3 départements et presque entièrement dans 5 autres; dans le surplus (25 départements), il subsiste des droits d'usage au bois [2] et au pâturage. Le panage n'est plus pratiqué que çà et là dans les provinces de Hanovre et de Westphalie. Le droit aux feuilles mortes existe dans certaines forêts de Prusse-ouest, Hanovre, Westphalie, Hesse-Nassau, etc. Il subsiste aussi des droits à la pêche et à la bruyère.

La suppression des droits et servitudes s'effectue par l'attribution aux ayants droit de forêts, de capitaux ou de rentes en argent.

Les surfaces des forêts ainsi aliénées depuis 1857 sont de 61,745 hectares; les sommes capitales payées depuis 1857 sont de 72,228,870 marcs, et les rentes constituées depuis 1860 sont de 10,893,131 marcs.

CHAPITRE II.

§ 1er. — Organisation administrative.

L'administration des forêts de l'État dépend du Ministère de l'agriculture, des domaines et des forêts.

---

[1] Sauf dans les provinces de l'ouest, où les étais de mine sont très recherchés.

[2] Les plus importants sont ceux qui existent au profit d'écoles et d'établissements religieux dans les provinces de Prusse-est et Prusse-ouest, et qui ont absorbé, en 1892, 191,000 stères de bois.

Elle comprend :

1° La direction centrale, qui forme la division forestière au Ministère;

2° La direction locale, inspection et contrôle, qui appartient à la division des contributions directes, domaines et forêts des gouvernements départementaux et est exercée par les *oberforstmeister*, les *regierungsräte* et *forsträte*;

3° Le service de gestion exercé par les *oberförster* et, en ce qui concerne les perceptions et les dépenses, par les receveurs forestiers (*Forstkassen rendanten*);

4° Le service de surveillance exercé par les préposés.

La comptabilité est vérifiée par la Cour des comptes, dont le contrôle s'étend à tous les comptables de l'État.

La base de toute l'organisation est la répartition des forêts de l'État en cantonnements (*oberförstereien*).

Chaque cantonnement forme une unité administrative distincte ayant pour son administration un budget-matière s'appliquant à la gestion de l'*oberförster* et un budget-deniers pour celle du receveur forestier.

L'*oberförster* est l'administrateur autonome, libre et responsable du domaine forestier de l'État, qu'il gère conformément aux lois, règlements et aménagements en vigueur.

Il lui appartient notamment de veiller à la conservation des forêts en empêchant tout empiètement et tout vol; de proposer et de faire exécuter après leur approbation les plans de coupe annuels[1]; de vendre, par adjudication ou à l'amiable, mais sans pouvoir dépasser dans ce dernier cas un prix minimum ou *taxe*, les produits façonnés; de faire exécuter les travaux de repeuplements, d'entretien et construction de routes; d'administrer la chasse[2], etc. Il est assisté dans son service par les préposés.

Le premier devoir de l'*oberförster* est de faire la connaissance la plus approfondie et la plus détaillée de ses forêts, qu'il doit en principe visiter *quotidiennement*.

Les comptes de l'*oberförster* portent sur les quantités et natures de bois coupés et à couper (crédit et débit de la forêt); les frais d'exploitation, de façon et de transport aux lieux de dépôt[3] des bois formant les coupes annuelles; les frais de repeuplement et de travaux divers.

L'*oberförster* agit seul. Les auxiliaires qu'il pourrait prendre pour tenue de ses écritures travaillent à ses frais et sous sa responsabilité. Néanmoins on délègue généralement, pour assister l'*oberförster* dans sa tenue de bureau, un préposé dont le traitement payé par l'État est alors réduit de 24 marcs par mois, l'*oberförster* étant tenu de lui payer directement 30 marcs par mois.

L'*oberförster* est nommé par arrêté ministériel[4].

Il ne peut accepter d'occupations en dehors de son service qu'avec autorisation de ses chefs. L'approbation ministérielle est nécessaire quand il s'agit d'emplois comportant un traitement fixe.

---

[1] Les aménagements ne règlent l'assiette et la quotité des coupes que par périodes; la coupe annuelle fait l'objet de propositions spéciales quant à son assiette, sa nature et sa quotité.

[2] Voir plus loin, page 604.

[3] Nous rappelons que les bois sont exploités, débités et remis aux lieux de dépôt, aux frais de l'État, par les soins de l'*oberförster*, qui vend les produits façonnés par lots, petits ou grands, suivant les circonstances.

[4] Après douze ans de services l'*oberförster* reçoit, en général, le titre purement honorifique de *Forstmeister*.

Certains emplois sont confiés régulièrement aux *oberförster* en dehors de leur service. C'est ainsi qu'ils sont chargés du rôle du ministère public devant l'*amtsgericht* en matière de délits forestiers. Ils touchent pour ce service des indemnités journalières et des frais de déplacement.

Généralement aussi, l'*oberförster* est appelé à jouer un rôle dans la gestion des domaines non forestiers de l'État. Il touche pour ce service un traitement spécial.

Enfin, beaucoup gèrent des forêts communales ou particulières.

La contenance des circonscriptions d'*oberförster* est naturellement très variable. On en compte actuellement 692 dans tout le royaume, dont l'étendue moyenne en terrain boisé domanial se trouve ainsi de 3,590 hectares. Si l'on y ajoute les forêts communales annexées à certains cantonnements des provinces de Hanovre, Westphalie et Hesse-Nassau, cette moyenne se trouve portée à 4,020 hectares environ.

4 circonscriptions ont moins de....................			1,000 hectares de forêts.
49	—	de....................	1,000 à 2,000
116	—	de....................	2,000 à 3,000
181	—	de....................	3,000 à 4,000
4	—	de....................	8,000 à 9,000
2	—	plus de..............	9,000

Les circonscriptions les plus étendues sont dans la province de Prusse-est (moyenne 4,890 hectares), les moins étendues dans la province rhénane (moyenne 3,460 hectares).

Les receveurs forestiers sont des agents chargés d'encaisser les recettes et de payer les dépenses dans la circonscription, d'après les indications de l'*oberförster*. Tantôt cet emploi est exercé par des fonctionnaires spéciaux (c'est le cas dans 113 circonscriptions), tantôt (dans 225 cantonnements) il est confié à des comptables divers du Trésor (receveurs des domaines, percepteurs d'impôts, etc) qui le cumulent avec d'autres fonctions. Ailleurs ces emplois sont confiés à des personnes diverses, de préférence aux maires, instituteurs communaux, commerçants, militaires ou préposés forestiers retraités. Les receveurs forestiers spéciaux ont un traitement fixe, depuis 1889[1], variant de 1,800 à 3,400 marcs, touchent diverses indemnités et ont droit à une retraite. Les fonctionnaires ou particuliers chargés des fonctions de receveurs touchent également des salaires fixes variant de 500 à 2,700 marcs.

Les subordonnés de l'*oberförster* sont les préposés à la surveillance (*forstschutzbeamten*). Ils se divisent en deux catégories :

1° Les *förster* ou *forestiers* chargés de la surveillance des travaux en même temps que de la police;

2° Les *försthülfsaufseher* ou gardes chargés uniquement de la police.

Les *forestiers* ont un triage, formé d'une partie des forêts de la circonscription, qu'ils protègent contre toute atteinte délictueuse, où ils délivrent les produits forestiers sur l'ordre écrit de l'*oberförster*, surveillent les exploitations, plantations et travaux divers. Leur nombre est actuellement de 3,759 pour tout le royaume. L'étendue des triages est en moyenne de 672 hectares.

Les gardes (*försthülfsaufseher*) sont les auxiliaires des forestiers en ce qui concerne la police des forêts et peuvent être chargés de les suppléer comme surveillants de tra-

---

[1] Autrefois ils avaient seulement une remise sur les recettes.

vaux. Leur nombre varie suivant les besoins du service; il est en moyenne de 2,000. Certains gardes ne sont occupés que temporairement, au moment où les travaux absorbent le temps des forestiers et sont payés à un prix fixé par jour de travail. Ils sont recrutés parmi les candidats forestiers ou même parmi les cultivateurs voisins des forêts.

Dans certains cantonnements très étendus ou très chargés, l'*oberförster* est autorisé à déléguer certaines de ses attributions, ou même la gestion de certaines parties de forêts, à des préposés qui prennent le titre de *Hegemeister* ou *Revierförster*, suivant les cas. Ces préposés reçoivent pour ce service un supplément de traitement allant jusqu'à 450 marcs; il sont choisis parmi les préposés les plus méritants du grade de *forestier*. On compte actuellement 184 *revierförster*, dont 2 sont chefs de cantonnement dans des circonscriptions peu importantes, et 12 emplois de *hegemeister*.

L'*oberförster* se trouve placé hiérarchiquement sous les ordres immédiats des gouvernements départementaux [1] qui exercent leur action par l'intermédiaire de fonctionnaires résidant au chef-lieu. Le chef de la section forestière du gouvernement départemental porte le titre d'*oberforstmeister*, il est assisté par les *forsträte* et *regierungsräte*, ayant chacun la charge d'un certain nombre de cantonnements désignés.

Les *forsträte* doivent visiter au moins trois fois par an les forêts de leur service. Ils vérifient la gestion de l'*oberförster* et le service des forestiers. Ils examinent les projets d'aménagement, les plans de coupes, travaux, etc. Ils sont nommés par arrêtés ministériel. Leur nombre est actuellement de 88.

L'*oberforstmeister* est le chef du service forestier dans le département. Il cumule ses fonctions avec celles des *forsträte* dans les départements où les cantonnements sont peu nombreux, il existe même deux *oberforstmeister* dont les circonscriptions s'étendent sur deux départements. En revanche les départements de Cassel et Wiesbade ont chacun deux *oberforstmeister*, de sorte que le nombre total de ceux-ci se trouve être de 34. Ils sont nommés par décrets royaux.

L'*oberforstmeister* nomme les préposés et fixe leurs traitements dans les limites réglementaires. Il doit visiter chaque année au moins une fois les circonscriptions des *forsträte*; il est accompagné de ces fonctionnaires dans ses tournées. Il répartit dans son service les crédits alloués en bloc par l'administration centrale. Il approuve les plans de coupes et travaux annuels, fixe les salaires des bûcherons, les prix de concession des menus produits, autorise les ventes amiables de bois dans les cas où celles-ci dépassent les pouvoirs des *oberförster*, les réparations aux bâtiments et travaux d'entretien divers, il représente le service forestier devant les tribunaux dans les contestations avec des tiers, cantonnements, etc. Il dispose en général d'un certain nombre d'assesseurs [2] qu'il délègue pour des services spéciaux tels que délimitations, inventaires, etc.

Le *service central* fonctionne sous la direction du ministre. Il a pour chef technique un agent forestier qui porte le titre de *oberlandforstmeister*, assisté de cinq *landforstmeister*.

Le premier *landforstmeister* a dans son service 178 cantonnements (804,000 hectares)

---

[1] *Bezierks regierungen.* La Prusse, beaucoup moins centralisée que la France, est divisée en trente-trois départements à la tête desquels sont placés des fonctionnaires (*Regierungs Präsident*) qui les gouvernent avec l'assistance des conseillers (*regierungsräte*) et de conseillers techniques tels que les conseillers forestiers (*Forsträte*), jurisconsultes (*justizräte*), ingénieurs (*bauräte*), etc.

[2] Voir plus loin.

et s'occupe de la comptabilité pour toute la monarchie; le deuxième a dans son service 89 cantonnements (261,000 hectares); le troisième a dans son service 225 cantonnements (654,000 hectares); le quatrième a dans son service 201 cantonnements (745,000 hectares) et le cinquième, dont les fonctions sont actuellement remplies par un *forstrat*, s'occupe spécialement des routes, des terrains concédés aux fonctionnaires, etc. pour toute la monarchie.

L'*oberlandforstmeister* se réserve, avec la direction générale, les questions de personnel.

L'administration centrale se réserve l'approbation des plans généraux d'exploitation et de leur revision, la répartition triennale des crédits inscrits au budget entre les diverses circonscriptions d'*oberforstmeister* [1], fixe les taxes des bois à vendre à l'amiable et celles du gibier, autorise les travaux neufs, les locations dont le prix annuel dépasse 4,500 marcs, les ventes amiables de bois façonnés à des prix inférieurs à la taxe lorsqu'il n'y a pas eu préalablement des tentatives infructueuses d'adjudication ou lorsque la quantité de bois à céder à un acheteur dépasse 5,000 marcs par an et enfin les ventes à l'amiable de bois sur pied.

§ 2. *Traitements, indemnités et allocations en nature du personnel.*

L'*oberlandforstmeister*, chef du service forestier, touche un traitement de 15,000 marcs [2] par an; il est logé. Les cinq *landforstmeister* de l'administration centrale touchent de 7,500 à 9,900 marcs. L'un d'eux est logé, les autres touchent 1,200 marcs d'indemnité de logement dont 660 sont compris dans le traitement pour le calcul de la pension de retraite.

Ces fonctionnaires ont droit à des frais de déplacement comme on verra plus loin.

L'*oberforstmeister*, chef de service dans un des trente-trois départements, touche, au début, un traitement fixe de 4,200 marcs, augmentant régulièrement de 400 marcs tous les trois ans jusqu'à un maximum de 6,000 marcs.

Il touche de plus :

1° Une indemnité de logement de 660 marcs dont 492 marcs comptent pour la pension de retraite;

2° Une indemnité fixe de chef de service qui est de 900 marcs dans 20 postes, 600 marcs dans 8 et 300 marcs dans 6 autres; en moyenne 720 marcs;

3° Une indemnité fixe pour frais de voyage qui est en moyenne de 2,116 marcs et peut s'élever à 2,900 marcs.

En dehors de cette indemnité, l'*oberforstmeister* touche les frais de déplacement réglementaires (voir plus loin) augmentés de 3 marcs par jour lorsqu'il est fait effectivement usage de voitures.

Les *forsträte* touchent les mêmes traitement et indemnité de logement que les *oberforstmeister*. Ils bénéficient de plus d'une indemnité spéciale de 2,560 marcs en moyenne, pouvant s'élever à 2,900 marcs pour toutes dépenses faites à propos du service. Ils ne touchent pas de frais de déplacement dans l'intérieur de leurs circonscriptions.

---

[1] Il est à remarquer que le budget des *oberforstmeister* est fixé pour *trois ans* et non pas annuellement, ce qui a de très grands avantages sur lesquels il est inutile de s'arrêter.

[2] Nous rappelons que le marc vaut, au pair, 1 fr. 234.

Le traitement fixe des *oberförster* est, au début, de 2,400 marcs, et augmente régulièrement de 300 marcs tous les trois ans jusqu'au maximum de 4,500 marcs.

Ils sont logés ou touchent une indemnité de logement pouvant s'élever à 900 marcs par an. Leur droit au logement entre pour une somme de 492 marcs par an dans le calcul de la pension de retraite.

Ils sont chauffés moyennant remboursement des frais de façon du bois délivré. La quantité de bois alloué n'est limitée que par l'interdiction d'en vendre, donner ou échanger tout ou partie et l'obligation de payer les frais de façonnage. Le droit au chauffage entre pour 150 marcs par an dans le calcul de la pension de retraite.

Ils touchent une indemnité pour dépenses faites à propos du service qui est en moyenne de 1,739 marcs et peut s'élever à 2,100 marcs par an. Cette somme doit compenser les frais de bureau [1] et les frais de déplacement dans l'intérieur de leur circonscription.

Ils jouissent de terrains de culture, d'une étendue moyenne de 17 hect. 3 ares, dont trois dixièmes environ en prairies et quatre dixièmes en terres labourables, moyennant une redevance qui est en moyenne de 0 marc 14 par hectare. Dans certains cantonnements, la contenance des terrains de culture s'élève jusqu'à 46 hectares.

Ils ont le droit de pâturage en forêt pour leur propre bétail mais sans que le nombre en puisse dépasser 13 bœufs ou vaches et 5 jeunes bêtes; de même ils ont le droit de panage pour 6 porcs et leurs petits.

• Enfin certains *oberförster*, mal partagés au point de vue de la résidence, du logement ou des terrains, touchent une indemnité spéciale variant de 100 à 600 marcs. Le total de ce genre d'indemnités de résidence s'élève à 61,000 marcs par an [2].

Les *préposés*, *revierförster*, *hegemeister* et *förster* ont un traitement de début de 1,100 marcs, augmentant de 100 marcs après trois ans de service puis, régulièrement, de 50 marcs tous les trois ans jusqu'à un maximum de 1,500 marcs.

Ils sont logés, en général. Dans le cas contraire, l'indemnité s'élève jusqu'à 225 marcs. Le droit au logement compte pour 112 à 160 marcs de revenu annuel dans le calcul de la pension de retraite.

Ils sont chauffés dans les mêmes conditions que les *oberförster*. Le droit au chauffage compte pour 75 marcs dans le calcul de la pension de retraite.

Enfin les préposés du grade de *revierförster* ou de *hegemeister* touchent un supplément de traitement variant de 60 à 450 par an entrant en ligne de compte pour le calcul de la pension de retraite.

De plus les titulaires de triages particulièrement étendus jouissent d'une indemnité qui peut s'élever à 180 marcs par an pour l'entretien d'un cheval.

Une autre indemnité, dont le maximum est également de 180 marcs, est allouée aux *förster* dans les postes où la surveillance est pénible.

Les préposés qui ont besoin d'une barque pour leur service touchent, de ce chef, jusqu'à 75 marcs par an.

Ceux qui sont mal partagés au point de vue de la résidence, ou des terrains de culture, etc., reçoivent une indemnité allant jusqu'à 300 marcs par an.

---

[1] Nous avons vu que des préposés étaient mis au service des *oberförster* pour la tenue de leurs bureaux moyennant le payement de 30 marcs par mois.

[2] Les *oberförster* ont de plus le droit de chasser dans leur circonscription, comme on verra plus loin.

Enfin les préposés jouissent de terrains de culture d'une étendue moyenne de 10 hectares pouvant aller jusqu'à 19 hectares moyennant une redevance de 0 marc 14 en moyenne par hectare et par an; ils ont de plus le droit de mener en forêt 10 pièces de bétail et 4 porcs avec leurs petits, moyennant une faible redevance annuelle.

Les préposés à la police ou simples gardes ont des traitements de 400 à 800 marcs, sont logés et chauffés; on leur donne de plus la jouissance d'un terrain, le droit au pâturage et des indemnités de résidence comme pour les *förster*.

Les gardes auxiliaires, qui ne sont occupés que temporairement, touchent un salaire mensuel de 54 à 78 marcs et sont quelquefois, mais assez rarement, logés en forêt. Il leur est alloué du bois de chauffage dont la quantité ne peut dépasser 27 stères de rondin, bois blanc, pour ceux qui sont mariés et 17 stères pour ceux qui ne le sont pas. Enfin ils ont le droit de mener en forêt 2 bêtes à cornes et 2 porcs.

Les principales règles en vigueur pour la jouissance des allocations en nature sont les suivantes :

Les agents et préposés sont autorisés à récolter ou à faire récolter en forêt, pour leur usage personnel, des baies, champignons et végétaux divers non destinés à la nourriture du bétail.

Les bois de chauffage alloués gratuitement ne doivent comprendre que des rondins, fagots et souches. La quantité des rondins ne doit pas dépasser un maximum, le surplus n'est pas limité.

Le personnel logé est tenu de faire exécuter à ses frais les menus travaux d'entretien.

Actuellement 642 *oberförster* sur 692 et 3,276 préposés sur 3,443 sont logés par l'État. Le nombre des maisons s'accroît d'année en année et il est à prévoir que bientôt tout le personnel sera logé.

Les terrains de culture sont alloués pour permettre aux agents l'entretien de chevaux et pour leur procurer, ainsi qu'aux préposés, un supplément de revenu qui les rende indépendants des populations pour leurs besoins en lait, beurre, œufs, volaille, légumes, etc.

Les frais de déplacement alloués dans certains cas [1] (voir ci-dessus) aux agents ou préposés sont :

1° Indemnités journalières : *Oberförstmeister*, *Forsträte*, directeurs et professeurs des écoles forestières, *Oberförster* et *Forstassesoren*, 12 marcs par jour; *Forstreferendaren*, 9 marcs par jour; *Revierförster*, 6 marcs par jour; *Hegemeister* et *Förster*, 4 marcs 50 par jour et *Forsthülfsaufseher*, 3 marcs par jour.

2° Frais de voyage : pour les agents jusqu'au grade de *forstreferendar* inclusivement 13 pfennings (0 fr. 1625) par kilomètre parcouru en chemin de fer ou bateau à vapeur, plus 3 marcs pour chaque voyage de leur domicile à la gare ou inversement; pour les préposés jusqu'aux *förster* inclusivement ces prix sont de 10 pfennings (0 fr. 125) et 2 marcs, et enfin pour les autres préposés, de 7 pfennings et 1 marc; pour les agents jusqu'au *Forstassessor* inclusivement, 60 pfennings (0 fr. 75) par kilomètre parcouru en voiture. Pour les *Forstreferendaren* et *Revierförster*, ce prix est de 40 pfennings ou 0 fr. 50, pour les autres préposés de 30 pfennings (0 fr. 375).

[1] Les *Forsträte*, *oberförster* et préposés ne touchent pas, en général, de frais de déplacement lorsqu'ils ne sortent pas de leurs circonscriptions, à moins qu'il ne s'agisse des services spéciaux comme c'est le cas pour l'*oberförster* qui remplit le rôle du ministère public devant un tribunal, etc.

Enfin les agents ou préposés transférés d'une résidence à une autre touchent des frais de déplacement qui sont :

Pour les Oberforlmeister, Forsträte, directeurs et professeurs d'écoles, frais généraux..........	500 marcs plus	10 marcs		
Oberförster............................	300 —	8	par fraction	
Revierförster..........................	180 ---	6	de	
Hegemeister et Förster...................	150 —	5	10 kilomètres.	
Autres préposés.........................	100 —	4		

§ 3. — *Avantages divers du personnel.*

Les agents et préposés, titulaires d'un emploi, retraités après dix ans au moins de service ont droit à une pension. Ce droit existe aussi pour les personnes occupées à titre extraordinaire ou temporaire à suppléer des titulaires.

Il peut être accordé une pension aux auxiliaires employés temporairement mais non pas en suppléance d'un fonctionnaire en titre.

Après dix ans de service, la pension est fixée au quinze soixantièmes du revenu de l'emploi au moment de la mise à la retraite [1]. Ce revenu se compose du traitement ordinaire et d'une part représentant le droit au logement et au chauffage (voir plus haut).

C'est ainsi que l'*oberförster* retraité après dix ans de service voit sa pension calculée de la manière suivante :

Traitement.......................................	3,300
Indemnité de logement.............................	492
Indemnité de chauffage.............................	150
Total...................................	$3,942 \times \dfrac{15}{60} = 985^m50$

Chaque année de service, au delà de la dixième, augmente de un soixantième la portion du revenu servie comme pension sans cependant pouvoir dépasser un maximum de quarante-cinq soixantièmes, atteint après quarante ans de service. Le temps de service avant la vingtième année d'âge n'entre pas en ligne de compte.

Le droit à la retraite n'existe que dans le cas d'incapacité de service durable. Cette incapacité est légalement présumée pour les fonctionnaires âgés de 65 ans révolus. Si l'incapacité résulte d'un accident ou d'une maladie survenus à l'occasion du service le droit à une pension des quinze soixantièmes du revenu existe quelle que soit la durée de service, fut-elle inférieure à dix ans. Dans le cas de maladie ou accident ne résultant pas de l'exercice de la fonction, il peut, avec l'approbation du chef de l'État, être accordé à titre permanent ou temporaire une pension de quinze soixantièmes aux fonctionnaires ayant moins de dix ans de service.

Un fonds spécial de 168,000 marcs est inscrit au budget pour secours extraordinaires en cas de maladie, accidents, pertes (de bétail, de récoltes, etc.). Sur ce fonds il peut aussi être accordé des gratifications aux agents ou préposés qui se sont distingués par des services exceptionnels.

---

[1] Il n'est pas inutile de faire remarquer que les fonctionnaires ne subissent aucune retenue de traitement en vue de leur retraite. (Note du traducteur.)

Lorsque l'incapacité de service résulte, pour un fonctionnaire en service depuis dix ans au moins, d'un accident survenu dans l'exercice de ses fonctions[1], la pension de retraite ne peut, dans aucun cas, être inférieure aux deux tiers du revenu de l'emploi.

Lorsqu'un agent ou préposé meurt victime de son devoir dans l'exercice de ses fonctions, sa veuve ou ses orphelins ont les droits suivants, quelle que soit la durée des services du père :

1° Un secours égal à un trimestre du revenu du défunt.

2° La veuve touche une pension fixée à un cinquième du revenu de son mari sans que cette somme puisse être inférieure à 160 marcs ni dépasser 1,600 marcs.

3° Les enfants touchent chacun, jusqu'à l'âge de 18 ans, une pension égale aux trois quarts de celle de la mère.

Si le fonctionnaire meurt veuf en laissant des enfants, chacun des orphelins a droit, jusqu'à l'âge de 18 ans, à une pension égale à un cinquième du revenu de leur père.

Il peut aussi, dans certains cas, être attribué une pension aux ascendants du défunt.

En aucun cas le total des pensions ainsi servies aux veuves, orphelins ou ascendants, frères et sœurs, neveux ou enfants adoptifs, ne peut dépasser 60 p. 100 du revenu du défunt.

Dans le cas de décès d'un fonctionnaire, sans que ce décès soit la conséquence du service, la veuve, les enfants, ou encore, moyennant une autorisation spéciale, les ascendants, frères et sœurs, neveux ou enfants adoptifs ou même encore ceux qui ont subvenu aux frais de la dernière maladie et des funérailles dans le cas où la succession ne suffit pas à couvrir ces frais, touchent un secours égal à trois mois du revenu du défunt.

La veuve du fonctionnaire décédé après dix ans au moins de services a droit à une pension de retraite qui est le tiers de celle qu'eût touchée son mari si la retraite avait été liquidée au moment du décès. Cette pension ne peut toutefois être inférieure à 160 marcs ni dépasser 1,600 marcs.

Chaque enfant, si la mère vit au décès du père, touche, jusqu'à 18 ans, un cinquième de la pension de la mère.

Enfin si les enfants sont orphelins de père et de mère chacun d'eux touche un neuvième de la pension qu'aurait eu leur père s'il avait été retraité au jour de sa mort.

Dans aucun cas le total des pensions allouées à la veuve et aux orphelins ne peut dépasser le chiffre de celle à laquelle avait droit le père.

Si la veuve est plus jeune que ne l'était son mari de quinze ans ou plus, sa pension est réduite d'autant de fois un vingtième qu'il y a d'années en plus de quinze dans la différence d'âge.

Le droit à la pension des veuves ou orphelins cesse à la fin du mois dans lequel le titulaire se remarierait ou se marierait.

Enfin le budget renferme annuellement un crédit spécial de 180,000 marcs pour secours aux veuves et orphelins de fonctionnaires forestiers.

L'administration a fondé, moyennant des économies réalisées sur ce fonds, des bourses pour fils de fonctionnaires dans divers établissements. Ces bourses sont actuellement au nombre de dix-huit.

Mentionnons, pour terminer, un usage touchant dans le service forestier prussien. A l'occasion du 50e anniversaire de l'entrée au service de fonctionnaires particulière-

[1] Rappelons que l'exercice de la chasse fait partie des fonctions du personnel forestier.

ment aimés et honorés, des souscriptions ont été faites à plusieurs reprises parmi le personnel pour réunir des sommes dont les arrérages sont employés à l'éducation d'enfants de fonctionnaires forestiers. Ces fondations portent le nom de celui en l'honneur duquel ont été créées. Citons :

La fondation von Ladenberg, revenu annuel de 672 marcs attribuée, pour quatre ans au plus, à un fils d'agent méritant qui se destine à la carrière d'agent forestier et a atteint l'âge de 18 ans.

La fondation Herman Borchert (30,000 marcs de capital) avec une affectation anologue.

La fondation faite à l'occasion du 50ᵉ anniversaire de la création de l'École d'Eberswalde (25,000 marcs de capital).

Les fondations Reuss (19,899 marcs de capital), Kronprinz Frédéric (50,000 marcs de capital), Burckhardt (21,800 marcs de capital), etc.

CHAPITRE III.

RECRUTEMENT DU PERSONNEL.

---

§ 1ᵉʳ. — *Recrutement des oberförster.*

Les jeunes gens qui se destinent à la carrière d'agent forestier doivent avoir subi l'examen de fin d'études d'un gymnase, ou d'un *Realgymnasium* ou d'une *Realschule* supérieure [1]. On considère, en effet, qu'une instruction générale solide et étendue est indispensable aux agents forestiers pour acquérir les connaissances nécessaires à leur profession. On exige particulièrement que la note en mathématiques ait été « entièrement satisfaisante. »

Le jeune candidat diplômé est d'abord adressé à un *oberförster* qui l'initie à la vie forestière, lui donnant quelques notions de sylviculture, de chasse et d'administration. Ce premier stage dure un an.

La seconde période est consacrée à l'étude dans une école forestière spéciale puis dans une Université.

Les écoles forestières de Prusse, au nombre de deux, ont un enseignement dont la durée est de deux ans. Après ce séjour à l'École forestière, une année est consacrée à l'étude, dans une Université allemande, des sciences juridiques et économiques.

La sanction de ces trois années d'études théoriques est un examen subi devant une commission présidée par un fonctionnaire forestier supérieur du ministère et composée

---

[1] Les établissements donnant, en Prusse, ce que nous appelons l'enseignement classique (langues mortes, etc.), portent le nom de gymnases. Le *Realgymnasium* a un programme correspondant à peu près à notre enseignement dit spécial ou moderne, portant sur les langues vivantes, les sciences mathématiques et naturelles; etc. La *Realschule* supérieure à une organisation analogue. Les jeunes gens qui ont terminé leurs études dans un de ces établissements subissent, devant un jury formé de leurs professeurs présidés par un fonctionnaire supérieur, l'examen dit des « abituria » ou *abiturienten* à la suite duquel il leur est délivré un diplôme qui joue un rôle analogue à celui de nos baccalauréats. (Note du traducteur.)

dé deux *Forsträte* et de professeurs des deux écoles forestières. A la suite de cet examen, les candidats reçoivent le titre de *Forstreferendar* et sont assermentés comme fonction- naires de l'État.

Il reste au *referendar* à apprendre la pratique de son métier. Deux années au moins y sont consacrées. Il est attaché à un *oberförster* désigné par l'administration. Celui-ci l'occupe pendant six mois au moins, dans un triage qui est confié au *referendar* et où il doit travailler, seul, à tous les travaux de direction et surveillance des exploitations, de repeuplements, chasse, etc. Puis cinq mois sont consacrés au travail de bureau chez l'*oberförster* et quatre mois au moins à des opérations d'aménagement. Le surplus des deux ans est employé à des voyages dans des régions forestières particulièrement in- structives.

Le *referendar* doit tenir un livre journal où il mentionne ses travaux divers, au jour le jour, et dans lequel il décrit, avec ses observations personnelles, les différentes ré- gions forestières qu'il a eu l'occasion de visiter.

Après ce second stage, et l'accomplissement du service militaire (d'un an), le *forst- referendar* est admis à subir une dernière épreuve : le *Staatsexamen*, examen dont le jury, nommé par le Ministre, éprouve par des interrogations au cabinet et par des travaux sur le terrain la capacité du candidat. Celle-ci dûment reconnue, le *referendar*, muni d'un nouveau diplôme, prend le titre de *Forstassessor*.

Le *forstassessor* prend rang tout aussitôt sur la liste des aspirants au grade d'*ober- förster*. C'est le rang d'ancienneté qui fixe l'ordre de nomination des *assessor*; il n'est fait d'exceptions, assez rares du reste, que pour tenir compte des convenances spéciales.

En attendant sa nommination, le *forstassessor* peut être occupé à des emplois assez variés, sans y avoir cependant de droit absolu. C'est ainsi que sur 484 *assessoren* existant en 1894, il y en avait 30 qui étaient *assistants* (adjoints ou suppléants) d'*oberförster* malades ou ayant des services très chargés. 34 occupés aux bureaux du ministère. 6 faisant des intérims de *revierförster*, 4 étaient attachés aux écoles forestières; en tout, 74 recevaient un traitement fixe. 169 autres étaient occupés temporairement par l'État à des travaux d'aménagement, d'arpentages ou divers moyennant une indemnité de 5 à 8 marcs par jour; 106 étaient occupés au service de communes ou de particu- liers; 52 avaient un emploi dans l'armée, dans le service des eaux, du phylloxéra, etc., et 83 étaient sans occupation connue.

On voit que, en 1894, la moitié seulement des *forstassoren* avaient pu trouver une occupation dans le service de l'État et que le surplus attendait un emploi avec des ressources plus ou moins précaires. Cette situation tient au nombre excessif des can- didats à un emploi forestier. Les quelques renseignements suivants donneront une idée précise du défaut de proportion entre les vacances et les candidatures.

Le nombre des *forstreferendaren* nommés *forstassessoren* a été, de 1887 à 1891 de 73 par an; depuis il s'est, il est vrai, abaissé à 64. Les vacances n'ont été pendant la même époque que de 27 à 32 par an. L'âge moyen des candidats au moment de leur nomination comme *forstassessor* est de vingt-cinq ans. Jusqu'à ces dernières années, ils attendaient en moyenne 7 à 8 ans leur nomination d'*oberförster*; actuellement le terme moyen s'élève déjà à 9 ou 10 ans et il est à prévoir qu'il s'accroîtra considérable- ment. Parmi les *forstassessoren* attendant leur nomination, beaucoup ne l'obtien- dront pas avant l'âge de quarante ans ou davantage. On a dû prendre des mesures, dès 1888, pour remédier à cette pléthore de candidats. On n'admet plus au premier stage que les sujets se recommandant, soit par des études particulièrement brillantes, soit par leur qualité de fils d'agents forestiers.

L'attente d'un emploi fixe et rémunéré est facilitée aux candidats qui, après leur premier stage d'un an, s'engagent dans un corps spécial de l'armée, les *Feldjäger*. Ces jeunes gens disposent, sous les drapeaux, de toutes les facilités voulues pour faire leurs études aux écoles forestières et à l'Université. Ils ont de plus, sur leurs camarades civils, l'avantage de n'avoir pas d'inscriptions à payer et jouissent, par leur emploi dans l'armée, d'une solde qui leur rend l'attente plus supportable.

Enfin il existe dans l'armée prussienne un corps spécial, dénommé *reitendes Feldjägercorps* institué en 1740 et aux officiers duquel est réservé un cinquième des emplois d'*oberförster*. Ces officiers doivent, du reste, avoir subi les mêmes épreuves auxquelles sont soumis les candidats civils. Cette dernière voie est un peu plus rapide pour arriver à l'emploi d'*oberförster*, les candidats militaires étant proportionnellement moins nombreux.

§ 2. — *Recrutement des préposés.*

Les préposés du grade de *förster* se recrutent exclusivement par l'armée au moyen d'un corps spécial, celui des *feldjäger*. Après les études élémentaires complètes le candidat, dont l'âge doit être compris entre seize et dix-huit ans, subit un stage de deux ans pendant lequel il est occupé en forêts à des travaux divers, tels que surveillance d'exploitations, exécution des plantations, entretien des pépinières, chasse, travail de bureau, etc. Ce stage peut s'effectuer dans des forêts domaniales, communales ou même particulières. Lorsqu'il est terminé, le jeune homme entre dans un bataillon de *feldjäger* où il reçoit, en même temps que l'instruction militaire, un complément d'instruction forestière. Si sa conduite est irréprochable, il est admis, au printemps de sa troisième année de service, à subir un examen portant sur la lecture, l'écriture, l'arithmétique, la langue allemande, la sylviculture, la protection des forêts, le débit des bois, la chasse et les travaux pratiques en forêt. Après cet examen, le *feldjäger* prend le titre de *feldjäger* de 1re classe et passe généralement dans la réserve pour neuf ans, restant toutefois à la disposition du ministre de la guerre, même en temps de paix, jusqu'à concurrence de huit ans de présence sous les drapeaux. Il subit alors un nouvel examen après lequel il reçoit un diplôme qui lui donne le droit exclusif aux emplois de *förster* dans les forêts de l'État ou même des communes lorsque, dans ce dernier cas, le traitement fixe atteint ou dépasse 750 marcs par an.

L'âge moyen auquel les candidats subissent ce dernier examen est d'environ trente à trente-deux ans.

Le nombre des candidats remplissant les conditions voulues et attendant leur nomination était :

En 1892 de 3,288
En 1893 de 3,367
En 1894 de 3,650

Il s'accroît de plus de 400 individus chaque année tandis que le nombre des vacances, en Prusse, ne dépasse guère 182 par an pour les forêts domaniales et communales réunies. Il en résulte une situation regrettable à laquelle on a cherché à remédier depuis 1889 en limitant à 385 le nombre des admissions nouvelles par an et en déversant une partie des candidats sur le service d'Alsace-Lorraine, où ils se trouvent, paraît-il, en nombre insuffisant.

CHAPITRE IV.

L'ENSEIGNEMENT FORESTIER ET LES STATIONS DE RECHERCHES.

---

§ 1er. — *L'enseignement forestier* [1].

L'enseignement forestier est donné, en Prusse, par deux écoles spéciales (Forstakademie) dont l'une à Eberswalde, près de Berlin, et l'autre à Münden (Hanovre).

Elles dépendent du ministère de l'agriculture, des domaines et forêts et ont pour *curator* l'*oberlandesforstmeister*, chef du service forestier du royaume.

Au commencement de ce siècle, les sciences forestières n'étaient enseignées, en Prusse, qu'à l'Université de Berlin, où professait le célèbre G. L. Hartig. On reconnut, en 1830, la nécessité d'une école spéciale qui fut établie, à cette date, à Eberswalde, à une trentaine de kilomètres au nord-est de Berlin, dans une petite ville [2] placée au centre d'une région très riche en forêts domaniales.

La durée des études y est de deux ans, divisés en quatre semestres. Le semestre d'été commence le huitième jour après Pâques, et dure jusqu'au 20 août, celui d'hiver dure du 15 octobre jusqu'au dimanche avant Pâques. L'école est de plus fermée huit jours à la Pentecôte et dix jours du 22 décembre au 3 janvier.

Les élèves payent, à leur arrivée, un droit d'inscription de 15 marcs, plus 75 marcs par semestre. Les frais d'examen sont de 40 marcs.

Le nombre des professeurs titulaires est actuellement de dix, y compris le directeur qui a le rang d'*oberforstmeister*; l'école compte de plus cinq chargés de cours.

Voici la listes des chaires :

1° Sylviculture, aménagement, cantonnement des droits d'usage et excursions forestières;

2° Études spéciales des essences forestières, protection des forêts, chasse, excursions;

3° Technologie, arpentage, nivellement, routes, travaux pratiques;

4° Histoire des forêts, statistique, administration, dendrométrie, excursions;

5° Estimations forestières, exploitabilités, économie forestière, excursions;

6° Chimie inorganique, minéralogie, géologie, excursions;

7° Chimie organique, étude des sols et des climats, excursions;

8° Botanique systématique, botanique générale, physiologie végétale, excursions;

9° Zoologie, excursions;

[1] Pour ce paragraphe et le suivant, nous avons complété les indications de la statistique forestière par celles de l'annuaire *Minerva* pour l'année 1894-1895 (Trübner, éditeur, à Strasbourg).

[2] La population actuelle d'Eberswalde est d'environ 20,000 âmes. (Note du traducteur.)

10° Éléments de calcul intégral et différentiel, physique, mécanique, météorologie et climatologie.

Les chargés de cours ont les emplois suivants :

1° Pisciculture et répétitions de zoologie;
2° Exercices de mathémathiques appliquées aux forêts;
3° Droit civil et pénal, procédure;
4° Économie politique;
5° Premiers secours médicaux en cas d'accidents.

L'école possède un jardin botanique de 2 hectares à Eberswalde, un parc forestier de 8 hectares à Chorin, une pépinière de 5 hectares; une sécherie, un établissement de pisciculture, une station météorologique, des collections, un laboratoire de chimie et une bibliothèque de 13,000 volumes.

En vue de favoriser l'instruction pratique des professeurs et des élèves, elle est chargée de tous les travaux de la gestion de quatre cantonnements comprenant ensemble 18,700 hectares de forêts dans le voisinage immédiat de l'école.

Les élèves se divisent en deux catégories :

1° Ceux qui se destinent au service de l'État;
2° Les élèves libres.
Les premiers sont civils ou militaires.
Les seconds se divisent en citoyens prussiens, citoyens allemands divers et étrangers.

Voici le nombre des différents élèves présents à l'école de 1890 à 1894 :

DÉSIGNATION.	CANDIDATS AU SERVICE DOMANIAL.			ÉLÈVES LIBRES				TOTAL GÉNÉRAL.
	ÉLÈVES civils.	MILITAIRES.	TOTAL.	PRUSSIENS.	ALLEMANDS divers.	ÉTRANGERS.	TOTAL.	
1890.. Semestre d'été....	54	12	66	17	29	12	58	124
1890.. Semestre d'hiver..	60	16	76	12	28	12	52	128
1891.. Semestre d'été....	60	10	70	10	28	14	52	122
1891.. Semestre d'hiver..	38	8	46	8	22	12	42	88
1892.. Semestre d'été....	26	6	32	12	12	15	39	71
1892.. Semestre d'hiver..	20	5	25	9	11	21	41	66
1893.. Semestre d'été....	20	3	23	3	6	27	36	59
1893.. Semestre d'hiver..	16	4	20	5	10	27	42	62
1894... Semestre d'été....	19	6	25	2	2	22	26	51
MOYENNE............			43					

L'École forestière de Münden, fondée en 1868, a une organisation analogue. Les professeurs titulaires sont au nombre de neuf, assistés par trois chargés de cours.

L'école possède comme champ d'études pratiques deux cantonnements d'*oberförster*, un jardin botanique et une pépinière, de plus un laboratoire de chimie, un établissement de pisciculture et une bibliothèque de 7,000 volumes.

Le nombre de ses élèves a varié comme suit :

DÉSIGNATION.	CANDIDATS au SERVICE DE L'ÉTAT.	ÉLÈVES LIBRES			TOTAL GÉNÉRAL.
		ALLEMANDS.	ÉTRANGERS.	TOTAL.	
1890.. { Semestre d'été....	33	7	1	8	41
Semestre d'hiver ..	27	4	"	4	31
1891.. { Semestre d'été....	8	5	1	6	14
Semestre d'hiver...	29	6	1	7	36
1892.. { Semestre d'été....	18	11	1	12	30
Semestre d'hiver...	15	13	2	15	30
1893.. { Semestre d'été....	12	14	5	19	31
Semestre d'hiver ..	13	15	3	18	31
1894.. Semestre d'été....	19	12	3	15	34
MOYENNE............	19				

Les frais d'inscription sont les mêmes qu'à Eberswalde. Les auditeurs de passage qui n'assistent qu'à un certain nombre de leçons payent 10 marcs pour chaque leçon.

Le budget des dépenses, pour les deux écoles, s'élevait, pour l'exercice 1894-1895, à 199,480 marcs soit, en chiffres ronds, 250,000 francs.

On ne manquera pas de remarquer la disproportion considérable entre le nombre des élèves se destinant au service de l'État qui sortent annuellement des deux écoles (en moyenne 65 par an, de 1882 à 1893) et celui des vacances (en moyenne 33 par an, de 1882 à 1893). On estime qu'une promotion annuelle de 23 ou 24 élèves pour l'ensemble des deux écoles satisferait aux besoins pendant longtemps, vu le nombre énorme des anciens élèves diplômés (605 en 1894, dont 484 *forstassessoren*) qui attendent un emploi d'*oberförster*. Dans ces conditions, il semble qu'une seule école, avec 46 à 48 élèves suffirait amplement[1] et que l'école de Münden pourrait être supprimée. Tel n'est cependant pas l'avis de l'auteur de la statistique.

§ 2. — *Station de recherches forestières.*

La station centrale de recherches forestières a été établie en 1871 à l'école d'Eberswalde et placée sous la direction du directeur de cette école. Elle fait partie de l'Union des stations de recherches allemandes et a adhéré en 1891 à l'Association internationale des stations de recherches forestières.

---

[1] Peut-être les lecteurs trouveront-ils qu'en présence de ces 605 anciens élèves qui attendaient, en 1894, des emplois qui n'en absorbent qu'à peine une trentaine par an, le chiffre de 23 ou 24 élèves nouveaux à former chaque année paraît encore bien élevé. (Note du traducteur.)

Elle comprend cinq sections : 1° la section forestière; 2° la section de météorologie; 3° la section de zoologie; 4° la section de chimie appliquée à l'étude des sols; 5° la section de physiologie végétale.

Chacune de ces sections a à sa tête un des professeurs de l'école.

Le budget annuel de la station est actuellement de 20,880 marcs.

CHAPITRE V.

LE TRAITEMENT DES FORÊTS.

§ 1er. — *Principes généraux de sylviculture et d'aménagement.*

L'administration des forêts de l'État, en Prusse, repousse catégoriquement les théories de ceux qui assignent comme but, au traitement des forêts, la production du plus grand revenu *net* [1] en argent, possible, et pratiquent, en conséquence, des calculs basés sur l'emploi des intérêts composés. Elle pense, au contraire, que, par opposition aux particuliers, elle a le devoir strict de diriger l'exploitation conformément à l'intérêt général, en envisageant, d'une part, l'approvisionnement du pays en produits forestiers et, d'autre part, l'utilité des forêts par leur action sur le sol, le climat, etc. Les forêts ne sont pas entre ses mains un instrument de finances, bien moins encore un capital dont elle ait à obtenir un revenu en argent à taux de placement avantageux; elles sont un dépôt, transmis par nos prédécesseurs dont nous pouvons tirer les produits et avantages divers qu'il comporte, mais dont nous devons user de façon à assurer à nos successeurs une jouissance au moins égale, sinon supérieure en produits et avantages *de même nature* [2].

Il résulte de là que le choix des essences à multiplier dans les forêts, celui des modes de traitement et des âges d'exploitation à adopter est déterminé par la considération de la rente la plus élevée possible [3].

C'est ainsi qu'on s'efforce de mélanger des feuillus aux résineux, l'expérience ayant appris que ce mélange rend les peuplements plus résistants aux insectes et favorise la végétation.

---

[1] On appelle ici revenu net celui qui reste, déduction faite des frais et des intérêts du capital engagé dans l'exploitation. C'est ce que les Allemands appellent *Bodenreinertrag* ou revenu net du sol.

[2] Nous avons traduit, aussi littéralement que le comportait la nécessité d'être clair, cette déclaration de principes énoncée dans une publication officielle, portant la signature du chef du service forestier prussien. Sa signification et son importance ne manqueront pas de frapper ceux-là surtout qui connaissent l'histoire forestière de l'Allemagne depuis une trentaine d'années. On remarquera les mots « de même nature » que nous avons soulignés. L'administration s'interdit ainsi toute aliénation d'une parcelle de son domaine, même dans un but d'utilité publique, même, nous l'avons vu, dans l'intérêt de la défense nationale, si cette diminution n'est compensée immédiatement par un accroissement au moins égal, par voie d'achat, de forêts ou de terrains à reboiser. (Note du traducteur.)

[3] Du revenu en argent par hectare et par an le plus grand possible, sans égard à la grandeur du capital engagé dans la forêt ou bien, ce qui revient au même, sans déduire du revenu les intérêts de ce capital. (Note du traducteur.)

Le chêne étant l'essence qui fournit les produits les plus précieux, on cherche à l'introduire partout où il peut prospérer, notamment dans les forêts de hêtre.

Le mode de traitement le plus avantageux est celui de la futaie pleine. On a renoncé à créer de nouveaux taillis à écorces comme on l'avait fait autrefois; on a également entrepris et réalisé la conversion ou la transformation de presque toutes les forêts autrefois traitées en taillis sous futaie ou en jardinage. Cependant ce dernier mode de traitement s'impose parfois et a des défenseurs; on a cru devoir l'adopter, à titre d'expérience, dans un certain nombre de cantonnements.

Les âges d'exploitation choisis sont ceux qui correspondent, dans chaque cas particulier, au maximum du revenu en argent. Dans l'impossibilité de fixer très sûrement l'âge, du reste variable avec les conditions du marché, auquel se produit ce maximum, on s'attache à dépasser de cinq à dix ans environ le terme indiqué par les expériences faites dans la forêt. En général on est amené, depuis quelque temps, à augmenter plutôt qu'à diminuer les durées des révolutions, les bois de faible calibre se dépréciant de plus en plus.

Les durées de révolution habituelles sont : pour le hêtre pur 120 ans; pour le pin sylvestre 120 ou 140 ans. Cependant la nécessité d'approvisionner le marché en étais de mine, dont les houillères de la partie occidentale du royaume consomment des quantités énormes, a fait adopter sur certains points des révolutions de 60 ans. L'épicéa s'aménage à 100 ou 120 ans, quelquefois 60 pour les mêmes raisons données ci-dessus; le chêne à 140 ou 160 ans; le bouleau et l'aulne à 60 ans.

Les futaies de hêtre sont le plus souvent régénérées par la voie naturelle, c'est ainsi quelquefois le cas pour celles de chêne, cependant cette dernière essence est le plus souvent reproduite par voie de plantations.

Pour le pin sylvestre, la coupe à blanc étoc par bandes étroites et de faible contenance, suivie de semis ou de plantations, est la règle presque absolue. Jusqu'à ces derniers temps, la plantation des sujets de un à deux ans tendait à se généraliser de plus en plus; en ce moment on revient au semis, surtout dans les meilleurs sols. Semis et plantations se font dans des lignes cultivées, après défrichement, soit au moyen de charrues, soit à la main.

Le hanneton, véritable fléau des pineraies, est souvent tellement abondant que la régénération artificielle du pin en est rendue impossible [1].

Pour échapper aux ravages de cet insecte, on a essayé de pratiquer des coupes d'ensemencement dans certaines pineraies, mais on a très généralement abouti à des échecs. Les coupes par bandes alternées n'ont guère mieux réussi, les bandes de futaie laissées sur pied entre les coupes à blanc ayant beaucoup à souffrir du vent et de la détérioration du sol.

Dans les provinces orientales, où le pin supporte relativement bien le couvert, on a été conduit à le régénérer par taches, en dégageant les bouquets de semis qu'on trouve naturellement sous les massifs et en élargissant progressivement les trouées. On est alors généralement forcé de pratiquer la régénération dans deux affectations à la fois [2], ou même sur de plus grandes surfaces encore, ce qui ramène au jardinage.

[1] On sait que la larve se multiplie surtout dans les terrains nouvellement cultivés. (Note du traducteur.)

[2] C'est-à-dire le tiers de l'étendue dans le cas d'une révolution de 120 ans.

L'épicéa s'exploite, comme le pin, par bandes étroites à blanc étoc; la régénération s'effectue par voie de plantations.

Les graines nécessaires pour les régénérations artificielles sont fournies par 56 sécheries domaniales qui ont produit, en 1892-1893, 51,000 kilogrammes de graine désailée dont le prix de revient était de 4 marcs 27 (environ 5 fr. 35) le kilogramme. La consommation a été :

En 1890, de.. 58,300 kilogr.
En 1891, de.. 43,500
En 1892, de.. 48,000
En 1893, de.. 50,700

§ 2. — Aménagement des forêts [1].

Conférence préliminaire. — Le préliminaire obligé de toute opération d'aménagement est la convocation, sous la présidence d'un délégué du Ministre, d'une commission formée de l'*oberforstmeister*, du *forstrat* et de l'*oberförster* aux services desquels appartient la forêt à aménager.

Cette commission délibère sur les points suivants :

Mode de traitement, révolution, essences à propager, travaux de rectifications du plan de la forêt, d'achèvement du réseau de routes, travaux divers; procédés de calcul de la possibilité, forme à donner au procès-verbal d'aménagement, etc. Elle dresse enfin un projet de partage de la forêt en séries et en parcelles, et indique les règles à suivre pour l'ordre d'assiette des coupes. Il est rédigé, des délibérations et propositions de la commission, un procès-verbal qui est soumis à l'approbation ministérielle.

Séries. — La division en séries d'exploitation des forêts d'une même circonscription d'*oberförster* doit s'effectuer dans tous les cas; on en justifie la nécessité ou la convenance par les mêmes raisons qui nous déterminent en France en pareil cas, ce qui nous dispense d'insister.

Lorsqu'il n'a pas été possible de former des séries assez homogènes pour que tous les peuplements englobés comportent la même durée de révolution, on subdivise alors la série [2] en *sous-séries* [3] constituées chacune par une suite plus ou moins incomplète de coupes, fournissant par conséquent des produits inégaux à des époques irrégulières; on s'arrange autant que possible pour que les inégalités de revenus des *sous-séries* se compensent entre elles de façon à ce que le rendement de la série entière soit annuel et approximativement constant.

Divisions et parcelles. — Les séries sont partagées en *divisions* [4] ou en *districts* [5].

Les divisions se font dans les forêts de plaine; on leur donne la forme de rectangles, allongés [6] dans le sens nord-sud, dont la contenance ne doit pas dépasser 30 hectares

[1] Il ne s'agit ici que des forêts traitées en futaie pleine, qui représentent plus de 97 p. 100 de l'ensemble.
[2] En allemand, *Block*.
[3] En allemand, *Betriebsklasse*.
[4] En allemand, *jagen*.
[5] En allemand, *distrikte*.
[6] Les deux dimensions des rectangles sont souvent dans le rapport de 1 à 2.

dans les forêts feuillues, ni 25 hectares ou moins encore dans les pineraies. Les limites des divisions sont formées par des tranchées assez larges (de 2 m. 5o à 5 mètres) pour pouvoir servir à la vidange et en même temps de tranchées d'arrêt pour les incendies. Lorsque le relief du terrain le permet, ces tranchées sont absolument rectilignes, sinon, on les trace de façon à ce que leurs pentes ne dépassent pas les limites tolérables pour la vidange.

Les forêts dont le terrain est trop accidenté pour qu'on puisse y pratiquer des tranchées en lignes droites se partagent en districts. Ceux-ci ne diffèrent des divisions que par leur forme plus ou moins irrégulière sur le plan, mais toujours adaptée à celle du terrain. La base de la division est formée par le réseau complet existant ou projeté des voies de vidange; on y adjoint les lignes naturelles telles que crêtes, cours d'eau ou thalwegs, lignes de plus grande pente, etc.

Districts ou divisions reçoivent une suite de numéros dans chaque série, ces numéros sont inscrits en chiffres arabes, celui de la série en chiffres romains sur des bornes plantées aux angles.

Ce premier partage de la forêt effectué d'après des considérations purement topographiques, les divisions ou districts sont à leur tour décomposés, s'il y a lieu, en parcelles [1] lorsque les différences de peuplement le commandent. Ce sont ces parcelles, dont l'existence peut être provisoire ou définitive, qui serviront de base à l'assiette des coupes. Autant que possible, les différentes parcelles d'une même division ou district sont affectées à la même période, de façon à amener l'état homogène des divisions, ce qui permettra de supprimer progressivement les parcelles.

Ordre d'assiette des coupes. — On évite d'affecter à la même période de trop grandes surfaces contiguës, à cause des dangers qui en résultent au point de vue des incendies, des insectes, des chablis, etc. L'idéal serait de pouvoir former, dans chaque série, vingt suites de coupes comprenant : la première, sur des surfaces équivalentes, dans une forêt aménagée à 120 ans, des bois de 1, 21, 31, 41, etc.... 101 et 111 ans; la deuxième, aussi éloignée que possible de la première, les bois de 2, 22, 32... 102 et 112 ans; la troisième, ceux de 3, 23 33... 103 et 113 ans et ainsi de suite. De cette manière, la dissémination des classes d'âge est telle qu'on ne revient jamais asseoir une coupe nouvelle à côté d'une coupe antérieure avant que celle-ci ne soit parfaitement régénérée.

Constitution normale des classes d'âge. — On s'attache avant tout à créer une suite normale de classes d'âge [2], non seulement dans chaque série, mais encore dans chaque sous-série. On s'efforce aussi de répartir les différentes qualités de sol également entre chaque classe d'âge, le tout en vue d'assurer un rapport soutenu. Cette partie de l'aménagement est très délicate, car d'un côté il faut éviter les sacrifices d'exploitabilité hors de proportion avec le résultat à atteindre et, d'autre part, il ne faut pas non plus trop craindre un sacrifice momentané en vue d'obtenir une amélioration durable dans la constitution de la forêt.

[1] En allemand, *Betandesabteilungen.*
[2] Dans la forêt aménagée à 140 ans, il y a sept classes d'âge : la première, formée des bois de 120 à 140 ans; la deuxième, des bois de 100 à 120 ans, etc. Dans la forêt aménagée à 120 ans, il y a six classes d'âge, et ainsi de suite. (Note du traducteur.)

Le plan général d'exploitation. — Il consiste en un tableau qui indique les parcelles destinées à fournir le produit principal pour chacune des périodes de la révolution, lesquelles ont invariablement une durée de vingt ans. On l'établit de façon à assurer une dotation égale ou progressivement croissante de toutes les périodes successives. On détermine, dans ce but, au moyen de tables de production, les revenus probables que donneront, à l'exploitation, les différentes parcelles. Dans le cas d'irrégularités trop grandes, on procède à des virements, mais en s'efforçant toujours de conserver des surfaces égales ou équivalentes à chaque affectation.

Dans la majorité des cas, il suffit de calculer les produits principaux de la première ou, tout au plus, encore ceux de la deuxième période. On assure l'avenir en réservant aux autres périodes des étendues égales ou équivalentes. Cette équivalence s'obtient en calculant pour les parcelles des surfaces réduites, c'est-à-dire en multipliant leur contenance par des facteurs inversement proportionnels à leur fertilité.

Le plan général ainsi dressé n'a du reste d'autre effet immédiat que de définir la dotation de la première période.

La possibilité est toujours exprimée en mètres cubes, tant pour les produits principaux que pour les produits intermédiaires ou d'éclaircies.

On procède à l'inventaire des parcelles affectées à la première période, on ajoute au volume trouvé l'accroissement calculé à un taux modéré, et l'on divise la somme par 20. On obtient ainsi la possibilité annuelle moyenne en produits principaux que l'*oberförster* ne doit pas dépasser sans autorisation de plus de 10 p. 100 d'une année à l'autre.

La possibilité des produits intermédiaires se détermine soit en calculant séparément, au moyen de tables, ce que pourra donner chaque parcelle de la série pendant la première période et en divisant le total par 20, soit, plus simplement, en bloc, d'après l'expérience des produits obtenus antérieurement, à tant pour cent des produits principaux. Il est dressé un plan de coupes indiquant, année par année, la surface *minima* à éclaircir chaque année, l'*oberförster* restant libre toutefois de dépasser cette surface suivant son appréciation.

Dans tous ces calculs on ne cube que le *bois fort*, c'est-à-dire celui ayant au moins 0 m. 20 de tour.

Revisions périodiques du plan général d'exploitation. — L'expérience a appris qu'il était généralement impossible d'établir des plans d'exploitation pouvant être suivis sans modification pendant plus de vingt ans. En effet, non seulement les prévisions d'accroissement, mêmes réduites aux deux premières affectations, ne se réalisent pas toujours, mais il survient des accidents tels qu'incendies, invasions d'insectes, chablis, etc. qui rendent des remaniements nécessaires. Enfin, la contenance même des forêts est modifiée par des acquisitions ou des expropriations, si bien qu'il est de principe de recommencer, à la fin de chaque période, une nouvelle répartition des peuplements en affectations.

Les règles qui président à ces revisions sont naturellement les mêmes que celles qui guident l'aménagiste lors d'un premier aménagement, c'est-à-dire que les bases de la confection du nouveau plan général sont discutées par une commission spéciale dont l'*oberförster* et le *forstrat* de la circonscription font toujours partie; il est procédé, s'il y a lieu, à un nouveau partage des divisions ou districts en parcelles, etc.

Depuis quelques années, la tendance est de plus en plus marquée en faveur d'une simplification des aménagements, notamment pour les futaies de pin. On tend à se baser surtout sur la *contenance* pour former des dotations périodiques, en se dégageant de plus en plus des prévisions lointaines d'accroissement. On commence par distraire des contenances des séries les vides, puis la somme des surfaces réduites des parcelles divisée par le nombre des périodes indique la contenance moyenne à donner à la première affectation. On y colloque tout d'abord les peuplements malvenants pour une cause quelconque, puis les plus âgés. On ne dépasse que très rarement pour cette première affectation la contenance moyenne normale, et seulement dans le cas de forêts où les vieux bois sont en quantité évidemment surabondante. Si l'on est forcé de faire des extractions de vieux bois en dehors de la première affectation, on calcule le volume total de ces bois à extraire, et l'on diminue la contenance de la première affectation de la surface qu'occuperait un peuplement exploitable de même volume.

C'est dans le même esprit de simplification que, s'éloignant de plus en plus des anciennes méthodes, on se dispense de toute estimation du volume à réaliser au delà de la première période de vingt ans.

CHAPITRE VI.

LE REVENU DES FORÊTS.

§ 1er. — *Rendement en matière.*

1° *Produits ligneux.* — La *possibilité* des forêts domaniales de la monarchie est estimée, pour 1894-1895, à 8,311,082 mètres cubes, ce qui représente 3 m. c. 03 par hectare de l'étendue totale et 3 m. c. 37 par hectare boisé, déduction faite des vides, routes, cours d'eau, etc., qui se rencontrent dans les forêts.

Dans ce chiffre de 3 m. c. 03, les trois quarts sont formés par du bois fort et un quart par les souches et le menu bois.

Les revisions périodiques d'aménagement ont donné, depuis 1877, des possibilités de plus en plus fortes. C'est ainsi que la possibilité totale était :

En 1877-1878, de .... 6,486,000 mèt. cub.
En 1879-1880, de.................................... 6,708,000
En 1881-1882, de.................................... 7,004,000
En 1882-1883, de.................................... 7,220,000
En 1894-1895, de.................................... 8,301,000

Cet accroissement ininterrompu est une conséquence de la réalisation progressive du matériel de vieux bois qui s'était accumulé dans les forêts aux époques antérieures, alors que le défaut de moyens de transport et de débouchés rendait leur réalisation impossible.

La *production effective* est en réalité supérieure à la possibilité calculée. Voici comment elle a varié, dans les neuf dernières années :

PRODUCTION PAR HECTARE DE SURFACE BOISÉE.

ANNÉES.	BOIS D'OEUVRE.	BOIS DE FEU.				PRODUCTION TOTALE.
		BOIS FORT.	MENU BOIS.	SOUCHES.	TOTAL.	
	mèt. c.	mèt. c.	mèt. c.	mèt. c.	mèt. c.	mèt. c.
1883-1884........	1 08	1 64	0 69	0 17	2 50	3 58
1884-1885........	1 07	1 62	0 70	0 15	2 47	3 54
1885-1886........	1 06	1 67	0 68	0 15	2 50	3 56
1886-1887........	1 13	1 79	0 77	0 15	2 71	3 84
1887-1888........	1 18	1 65	0 72	0 13	2 50	3 68
1888-1889........	1 34	1 72	0 73	0 13	2 58	3 92
1889-1890........	1 38	1 62	0 74	0 14	2 50	3 88
1890-1891........	1 29	1 54	0 65	0 11	2 30	3 59
1891-1892........	1 38	1 63	0 72	0 13	2 48	3 86

Si nous ne considérons que la production en bois fort (de plus de 0 m. 20 de tour), nous voyons que dans les futaies elle se répartit comme suit entre les produits principaux et intermédiaires (éclaircies).

‘ Le volume des produits intermédiaires était :

En 1883-1884............................. 30.6 p. 100
En 1884-1885............................. 30.6
En 1885-1886............................. 30.8
En 1886-1887............................. 39.7
En 1887-1888............................. 39.2
En 1888-1889............................. 43.4   de celui des produits principaux.
En 1889-1890............................. 41.8
En 1890-1891............................. 39.7
En 1891-1892............................. 44.3

Voici, pour permettre une comparaison, la production par hectare des forêts domaniales de divers États allemands :

MÈTRES CUBES.

Saxe (1892)... 6 45 par hectare.
Wurtemberg (1892-1893)................................ 5 85
Bade (1892)... 5 40
Bavière (1891).. 5 13

La *proportion du bois d'œuvre* dans le rendement des forêts prussiennes en bois fort va en croissant d'une manière générale. Elle était :

En 1830, de... 19.3 p. 100.
En 1845, de... 25.0
En 1855, de... 27.4
En 1865, de... 31.6

En 1866, l'annexion des nouvelles provinces le fait baisser brusquement, on le trouve :

En 1868, de .... 29.1 p. 100.
En 1874, de 34.0
En 1883, de 39.0
En 1890, de 46.7
En 1892, de 46.3

L'accroissement considérable depuis 1870 tient à deux causes : d'une part l'utilisation du bois pour la fabrication du papier (il existait en 1894 en Allemagne 600 usines fabriquant du papier au bois) et, d'autre part, les besoins toujours croissants des houillères en étais de mine.

La *production en écorce à tan* va en diminuant; elle est tombée au tiers de ce qu'elle était en 1869. Voici comment elle a varié depuis dix ans :

QUINTAUX
de 100 kilogr.

1883-1884 55,878
1884-1885 58,594
1885-1886 53,148
1886-1887 47,785
1887-1888 63,292
1888-1889 50,409
1889-1890 43,468
1890-1891 40,894
1891-1892 34,497
1892-1893 32,691

2° *Chasse et menus produits divers.* — Dans les forêts domaniales prussiennes, la chasse est exploitée par les agents forestiers pour le compte de l'État.

L'*oberförster*, chargé de l'administration de la chasse, dispose à son gré du gibier, soit pour son usage, soit pour la vente. Il est tenu, néanmoins, de verser au Trésor une taxe par tête de gros gibier tué, et paye, à forfait, une somme annuelle pour le menu gibier.

Sont considérés comme gros gibier soumis à la taxe : l'élan, le cerf, le daim, le chevreuil, le sanglier, le coq de bruyère, le tétras à queue fourchue (*tetrao tetrix*), la gelinotte, le faisan, le cygne, le castor.

Sont considérés comme menu gibier, dont le prix est payé en bloc : le lièvre, la perdrix, etc.

Tous les fonctionnaires forestiers, y compris les préposés, ont le droit de chasser, dans leur circonscription, en disposant gratuitement du produit de leur chasse, les oiseaux de proie, le blaireau, le lapin, la poule d'eau, le canard, la caille, la bécasse, la bécassine, les courlis, vanneaux, merles, grives, etc.

Le nombre des pièces de gros gibier à tirer annuellement est limité par un maximum établi, pour chaque circonscription, d'après le relevé approximatif du gibier existant. Les taxes sont calculées tous les six ans de manière à laisser à l'*oberförster*, sur les prix de vente, un bénéfice qui compense les frais de traqueurs, de munitions, d'entretien d'armes, de chiens, etc.

Voici l'inventaire du gibier existant dans les forêts domaniales d'après les estimations de 1893, ainsi que le nombre de têtes à tuer par an :

	NOMBRE D'ANIMAUX	
	existant en forêt.	à tirer annuellement.
Élans....................................	273	11
Cerfs....................................	22,957	4,485
Daims...................................	10,166	1,772
Chevreuils...............................	83,226	9,339
Sangliers....	"	1,794
Coqs de bruyère.........................	"	162
Tétras à queue fourchue..................	"	378
Gelinotte................................	"	223
Faisan..................................	"	1,531

Voici maintenant le nombre de pièces de gibier tuées dans l'année 1885-1886 : élans, 3; cerfs, 4,331; daims, 2,214; chevreuils, 9,665; sangliers, 2,730; coqs de bruyère, 116; tétras à queue fourchue, 213; faisans, 1,819; lièvres, 63,785; perdrix, 8,359; bécasses, 5,211; canards, 7,938; renards, 8,501.

Le produit net total de la chasse a varié, depuis dix ans, de 242,000 marcs à 288,000 marcs, soit en moyenne 8 à 9 pfennings (0 fr. 10) par hectare et par an.

On signale comme gibier rare ou curieux : l'élan, qui se trouve dans quelques forêts de l'extrémité nord-est du royaume (très nuisible en forêt); le loup, qui existe près de Königsberg et dans la Prusse rhénane; le chat sauvage (Aix-la-Chapelle); le lynx (Prusse orientale; l'*oberförster* de Puppen a tué, en 1879, un lynx du poids de 15 kilogrammes); le castor (sur les bords de l'Elbe, près de Magdebourg). Dans le comté de Schaumbourg, on trouve une variété de chevreuils à pelage noir. Les cygnes se rencontrent en Poméranie et dans les Prusse orientale et occidentale.

Parmi les menus produits divers, on peut signaler la tourbe. Les tourbières sont tantôt louées, tantôt exploitées en régie par les *oberförster*; le produit brut de ces dernières dépasse 120,000 marcs par an.

§ 2. — *Rendement en argent.*

1° *Ventes de bois.* — L'*oberförster* effectue toutes les ventes de produits forestiers. La règle générale est la vente aux enchères publiques; cependant l'*oberförster* reste libre d'employer d'autres modes de vente. Les règlements prévoient notamment la vente sur soumissions cachetées, la vente de bois sur pied à l'unité des produits[1], la vente sur pied en bloc et à forfait, et enfin la vente à l'amiable. Ce dernier mode (à l'amiable) ne peut toutefois s'appliquer que dans des cas déterminés et à des prix minima fixés à l'avance, à moins qu'il ne s'agisse de ventes peu importantes (lorsqu'il n'est pas cédé pour plus de 100 marcs de produits en un an au même individu). La vente amiable est encore pratiquée dans les cas de besoins urgents ou lorsqu'il y a lieu de débarrasser la forêt de chablis, bois de délit, produits invendus, etc.; dans ces

[1] Il semble résulter des textes que ces coupes se vendent à tant le mètre cube, sans distinction de catégories de marchandises. (Note du traducteur.)

cas, l'*oberförster* est autorisé à vendre au mieux. L'administration se réserve d'autoriser les ventes à l'amiable jusqu'à 5,000 marcs, et le Ministre est compétent pour celles plus importantes.

Le produit brut total des ventes de bois était de 36,160,167 marcs en 1868 et de 45,787,884 marcs en 1880-1881 ; c'est un accroissement de 27 p. 100. En 1892-1893, il s'est élevé à 62,392,240 marcs, en augmentation de 73 p. 100 sur le revenu de 1868.

L'accroissement si sensible du revenu tient, d'une part, à l'augmentation du volume des coupes annuelles[1] et, d'autre part, au relèvement rapide des prix à la suite des constructions de routes, chemins de fer, canaux, et de l'essor qu'ont pris le commerce et l'industrie.

Le prix du mètre cube de bois vendu était de 5 marcs 75 en 1868 ; de 7 marcs 11 en 1875, époque de son maximum ; de 5 marcs 99 en 1880-1881 ; il s'est élevé à 7 marcs en 1891-1892 et est revenu à 6 marcs 79 en 1892-1893.

2° *Ventes de menus produits divers.* — Les menus produits des forêts sont fournis par la chasse, la location de parcelles de terrains cultivés dépendant des forêts, les récoltes d'herbe, de bois mort, de litière, de glands et faines, etc., les concessions de carrières, le pâturage, etc.

Le revenu total fourni par ces produits était, en 1868, de 4,765,300 marcs ; en 1875, de 6,504,157 marcs et est retombé, depuis, à 5,500,000 marcs, moyenne des trois dernières années.

3° *Revenu brut total.* — Voici comment a varié, depuis 1868, le revenu brut total, par hectare et par an :

1868	16^{m}65		1881-1882	20^{m}69
1869	17 13		1882-1883	20 29
1870	16 53		1883-1884	21 26
1871	16 39		1884-1885	22 57
1872	19 02		1885-1886	22 53
1873	20 89		1886-1887	22 31
1874	21 48		1887-1888	22 54
1875	22 63		1888-1889	23 03
1876	23 46		1889-1890	25 34
1877-1878	20 43		1890-1891	26 05
1878-1879	19 22		1891-1892	24 86
1879-1880	18 54		1892-1893	25 57
1880-1881	20 18			

Ce revenu a augmenté presque régulièrement depuis 1868 : de 24 p. 100 en 12 ans, de 1868 à 1880-1881, et de 30 p. 100 en 12 ans, de 1880-1881 à 1892-1893.

[1] Nous rappelons que cette augmentation du volume des coupes tient, d'après l'auteur de la statistique de 1893, à la réalisation progressive du matériel surabondant accumulé dans les forêts à des époques antérieures où le défaut de voies de communication rendait l'exploitation impossible.

Voici, pour permettre une comparaison, la rente brute par hectare des forêts domaniales de divers États allemands en 1892-1893 :

Bavière (chiffre de l'exercice 1891).............................. 39ᵐ14
Hesse... 49 59
Bade... 58 10
Wurtemberg.. 59 66
Saxe... 65 69

Il peut enfin être intéressant de voir la part contributive des différentes natures de produits dans le rendement total. Voici ces chiffres pour l'exercice 1892-1893 :

	POUR CENT du produit total.
Produits ligneux...	91.92
Menus produits divers....................................	5.90
Chasse...	0.52
Exploitation des tourbières...............................	0.38
Taxes de flottage..	0.01
Prairies...	0.12
Concessions de places de dépôt de bois..............	0.01
Concessions de scieries domaniales....................	0.27
Ventes de plants...	0.02
Droits d'inscriptions et d'examens aux écoles forestières................	0.02
Divers...	0.83
	100.00

§ 3. — Dépenses et revenu net.

1° *Dépenses.* — Les *frais d'administration* comprennent les traitements du personnel, les frais de perception des prix de vente, les gratifications et secours au personnel et les frais d'entretien des maisons affectées au logement du personnel. Les *traitements* absorbaient :

En 1868... 6,466,435 marcs.
En 1880-1881... 8,879,290
En 1892-1893... 11,465,719

La somme inscrite au budget de 1892-1893 est donc presque double de celle de 1868.

Dans les douze dernières années (1880-1881 à 1892-1893), l'augmentation est de 2,586,429 marcs ou 21 p. 100 et se répartit comme suit :

Traitement des préposés.............................. 1,725,810 marcs.
Traitement des *oberförster*........................... 630,189
Indemnités des *oberförster*.......................... 165,504
Traitement et indemnités des *oberforstmeister* et *forsträte*.......... 7,427

Les dépenses relatives aux préposés ont augmenté, dans ce terme, de 37 p. 100; celles relatives aux *oberförster* de 28 p. 100 et celles relatives au personnel de contrôle ou de direction de 1 p. 100.

Rapportées à l'hectare boisé, les dépenses de traitement du personnel sont :

Pour les fonctionnaires du service de direction locale et de contrôle. 9 p. 100 ou 0^m36 par hectare.

Pour les fonctionnaires du service de direction locale et de contrôle. 9 p. 100 ou 0^m36 par hectare.

Pour les *oberförster*................................. 31   1 33
Pour les préposés...................................... 58   2 45
Pour les services du ministère et divers................ 2   0 09
                                                       ─────   ─────
                                                        100   4 23

Les *dépenses pour gratifications et secours* au personnel étaient, en 1868, de 298,020 marcs. En 1880-1881, ce chiffre avait passé à 375,759 marcs; il est revenu, en 1892-1893, à 344,450 marcs, soit 0 marc 13 par hectare. La diminution apparente tient à ce que, depuis quelques années, les dépenses pour secours aux veuves et orphelins ont passé du budget des forêts à celui du ministère des finances.

Les *dépenses pour construction et entretien de maisons forestières* étaient :

En 1868, de... 1,219,422 marcs.
En 1892-1893, de....................................... 2,436,775

Elles ont donc exactement doublé en vingt-quatre ans et représentent actuellement 0 marc 90 par hectare de forêt.

La *dépense totale relative au personnel* était :

	MARCS.		MARCS par hectare.	POUR CENT des recettes brutes.
En 1868......................	8,591,000	ou	3 30	et	19.8
En 1880-1881.................	12,321,000		4 62		22.9
En 1892-1893.................	14,988,000		5 49		21.5

Elle a crû, de 1868 à 1880, de 43 p. 100; de 1880 à 1892, de 30 p. 100.

Rappelons que, entre ces mêmes dates, les recettes brutes ont crû de 24 p. 100 et 30 p. 100.

Les *frais de main-d'œuvre* comprennent les dépenses relatives à l'abatage, au débit et transport aux lieux de dépôt des produits des coupes. Ils étaient, pour l'exercice 1892-1893, de 9,523,161 marcs, en augmentation de 25 p. 100 sur l'exercice 1880-1881, tandis que la quantité de bois coupé n'avait augmenté, dans le même intervalle, que de 18 p. 100. Les frais de main-d'œuvre représentent, assez uniformément depuis quelques années, 14 à 15 p. 100 du revenu des ventes de bois, chiffre inférieur à celui de tous les autres États de l'Allemagne.

Voici, résumées en un tableau, les principales autres dépenses rapportées à l'hectare:

EXERCICES.	CHEMINS DE VIDANGE et routes.	REPEUPLEMENTS.	AMÉNAGEMENTS.	PROTECTION contre LES INSECTES nuisibles.
	marcs.	marcs.	marcs.	marcs.
1868.............	0 24	0 96	0 07	0 21
1880-1881........	0 59	1 34	0 14	0 06
1892-1893........	0 65	2 00	0 17	0 22

L'ensemble de toutes les dépenses relatives à l'exploitation (main-d'œuvre, travaux divers, impôts, etc.).

	MARCS.		MARCS par hectare.	POUR CENT du revenu brut.
En 1868	12,851,183	ou	4 93	soit 29.6
En 1880-1881	16,659,287		6 25	31.0
En 1892-1893	21,134,904		7 74	30.2

Les *dépenses relatives à l'enseignement forestier* ont augmenté, de 1868 à 1880-1881, de 159 p. 100 et, de 1880-1881 à 1892-1893, de 12 p. 100. Elles représentaient, en 1868, 0.18 p. 100 et, en 1892-1893, 0.28 p. 100 de recettes brutes[1].

Enfin, le budget total des *dépenses ordinaires ou permanentes* était :

	MARCS.	MARCS par hectare.	POUR CENT des recettes brutes.
Pour 1868	21,519,000	8 26	49.6
Pour 1880-1881	29,157,000	10 94	54.2
Pour 1892-1893	36,320,000	13 31	52.0

Le maximum du rapport des dépenses aux recettes s'est produit pour l'exercice 1878-1879 où il a été de 58,5 p. 100. Si l'on ajoute aux dépenses permanentes celles pour travaux neufs, ce rapport est, en 1868, de 53,69 p. 100; en 1880-1881, de 58,05 p. 100; en 1892-1893, de 54,21 p. 100 et en 1879-1880 (maximum) de 64,51 p. 100, soit près des deux tiers des recettes.

2° *Revenu net* [2]. — Le revenu net des forêts de la monarchie était :

1868	21,878,000 marcs, soit par hectare	8ᵐ39
1875	31,457,000 (maximum)	11 96
1878-1879	20,632,000 (minimum)	7 73
1880-1881	29,157,000	9 24
1889-1890	34,207,000	12 67
1890-1891	35,344,000 (maximum)	13 05
1891-1892	32,182,000	11 84
1892-1893	33,462,000	12 26

On voit, en résumé, que les recettes, et plus encore les dépenses, sont en voie d'augmentation rapide depuis 1868, époque où la Prusse a reçu ses limites actuelles. L'accroissement a surtout été considérable de 1868 à 1880-1881; pendant ces douze années, les dépenses ont augmenté de 35 p. 100, les revenus bruts de 24 p. 100 et les revenus nets de 13 p. 100 seulement. Si nous comparons l'exercice 1892-1893 à celui de 1868, les résultats sont un peu plus favorables; les dépenses ont augmenté de 69 p. 100, les recettes brutes de 61 p. 100 et le revenu net de 53 p. 100.

---

[1] Nous avons vu, plus haut, que le budget des deux Écoles forestières d'Eberswalde et de Munden s'élevait, pour l'exercice 1894-1895, à 119,480 marcs, soit environ 250,000 francs.

[2] Différence entre les sommes encaissées et celles déboursées annuellement.

Voici du reste un tableau résumant cette progression; en posant comme égaux à 100 les chiffres de 1868, on trouve :

	1880-1881.	1892-1893.
Surface totale productive........................	102,7	105,5
Revenu matière en bois fort......................	119	151
Revenu matière en menu bois et souches.............	119	115
Prix de vente des coupes de bois....................	124	166
Autres recettes en argent.........................	123	118
Revenu brut total en argent.......................	124	161
Dépenses du personnel..........................	143	175
Dépenses en travaux, matériel, etc.................	130	164
Dépenses relatives à l'enseignement................	232	259
Total des dépenses..............................	135	169
Revenu net....................................	113	153

IMPRIMERIE NATIONALE. — 1896.